家用电器故障维修速查全书

图解彩色电视机
故障维修
速查大全

>>> 陈铁山 主编

U0273121

 化学工业出版社

·北京·

本书采用图文解说的方式，全面介绍了不同品牌彩色电视机主流机型的故障检修，包括故障现象、故障部位、故障元器件、故障检修的图解说明、检修要点与维修技巧等内容。本书按彩色电视机的品牌分大类，再按机型分节汇编，机型涵盖面全，内容简明扼要，维修图补充解说，故障查找迅速，维修方法明确。书末还汇编了彩色电视机通用芯片实用技术资料，供读者参考。

本书适合家电维修人员学习使用，也可供职业学校相关专业的师生参考。

图书在版编目（CIP）数据

图解彩色电视机故障维修速查大全/陈铁山主编. —北京：化学工业出版社，2014.12
（家用电器故障维修速查全书）
ISBN 978-7-122-21870-4

Ⅰ.①图…　Ⅱ.①陈…　Ⅲ.①彩色电视机-维修-图解
Ⅳ.①TN949.12-64

中国版本图书馆 CIP 数据核字（2014）第 219328 号

责任编辑：李军亮　　　　　　　　　　文字编辑：陈　喆
责任校对：吴　静　　　　　　　　　　装帧设计：刘丽华

出版发行：化学工业出版社（北京市东城区青年湖南街13号　邮政编码100011）
印　　装：北京云浩印刷有限责任公司
850mm×1168mm　1/32　印张13　字数331千字
2015年1月北京第1版第1次印刷

购书咨询：010-64518888（传真：010-64519686）　　售后服务：010-64518899
网　　址：http://www.cip.com.cn
凡购买本书，如有缺损质量问题，本社销售中心负责调换。

定　　价：38.00元

对于广大维修人员，特别是初学维修人员来说，没有维修经验，身边有一套机型全面、内容实用的维修手册会起到事半功倍的效果。本书从多种渠道收集每一种彩电的珍贵资料，加上同行维修的实用经验，将每一种彩电每个机型所需要的重要维修资料、维修数据和相关图片汇编成册，让所有的维修人员特别是初学维修人员随身携带，大大降低彩电维修的难度。本书的出版也将解决广大维修人员缺少具体机型资料的问题，同时，满足广大维修人员，特别是上门维修人员对随身速查的需求。

本书具有以下特点。

① 机型全面，侧重品牌。既全面汇总机型，又突出重点品牌。

② 省略分析，直指故障。维修需要的是结果，本书省略过程，直指故障，不拖泥带水，将故障现象与损坏的元器件直接关联。

③ 图文解说，立竿见影。大多数实例故障附图解说，在图中指出故障元器件，一目了然。

④ 快速查阅，随身携带。全书从形式到内容都体现"快速"两字，真正做到拿来就用，一用则灵。

本书由陈铁山主编，张新春、张利平、陈金桂、刘晔、张云坤、王光玉、王娇、刘运和、陈秋玲、刘桂华、张美兰、周志英、张新德、刘玉华、刘文初、刘爱兰、张健梅、袁文初、张冬生、王灿等也参与了部分内容的编写、翻译、排版、资料收集、整理和文字录入等工作。

由于编者水平有限，书中不足之处在所难免，敬请广大读者批评指正。

编 者

目录

第一章 长虹彩电 ①

第一节 长虹 C2919PK 型彩电 …………………… 2

1. 故障现象：收看中有时图像突然闪动，瞬间场幅大小变化，伴随枕形突然失真 …………………… 2

2. 故障现象：有电源指示，待机时 50V 正常，但二次开机立即保护 …………………… 2

3. 故障现象：图像上部在亮时出现回扫线 …………… 3

4. 故障现象：图像上部出现回扫线，下部无此现象 …… 3

5. 故障现象：光栅闪烁，枕形校正失真 ……………… 4

6. 故障现象：对比度弱且失控 ………………………… 4

7. 故障现象：开机数十分钟后自动关机 ……………… 5

8. 故障现象：不能二次开机，机内有"嗒嗒"声 ……… 6

9. 故障现象：满幅红光栅且有回扫线 ………………… 6

10. 故障现象：开机有光栅，无字符显示，无图像……… 7

11. 故障现象：图像几何失真且有闪动现象……………… 7

12. 故障现象：行管多次过热损坏…………………………… 7

第二节 长虹 C2919PV 型彩电 …………………… 8

1. 故障现象：蓝屏 …………………………………… 8

2. 故障现象：交替出现蓝屏和厂家广告语 …………… 9

3. 故障现象：开机后自动关机 ………………………… 9

4. 故障现象：经常自动关机…………………………… 10

5. 故障现象：屏幕上部有回扫线，且不时的抖动……… 11

第三节 长虹 CHD29168 型彩电 ………………… 11

1. 故障现象：行中心偏移………………………………… 11

第二章　海信彩电　　36

第三章　海尔彩电　77

第四章　TCL彩电　　137

第五章　创维彩电 210

第六章　康佳彩电　251

第七章　厦华彩电　302

第八章　福日彩电　335

第九章　松下彩电　347

附录　358

第一章

长虹彩电

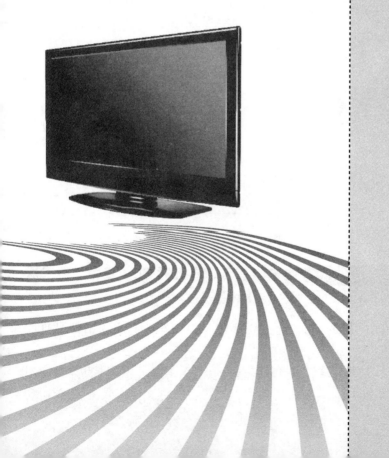

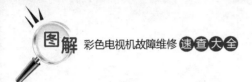

第一节　长虹 C2919PK 型彩电

:::: 1.故障现象： **收看中有时图像突然闪动，瞬间场幅大小变化，伴随枕形突然失真**

（1）**故障维修：** 此类故障属 C831 虚焊，补焊后即可排除故障。

（2）**图文解说：** 检修时重点检测 C831。C831 相关电路如图 1-1 所示。

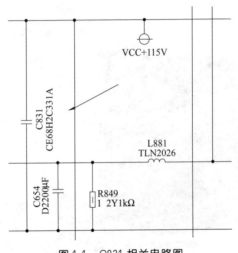

图 1-1　C831 相关电路图

:::: 2.故障现象： **有电源指示，待机时 50V 正常，但二次开机立即保护**

（1）**故障维修：** 此类故障属 VD408 短路，更换后即可排除故障。

（2）**图文解说：** 检修时重点检测 VD408。VD408 相关电路如图 1-2 所示。

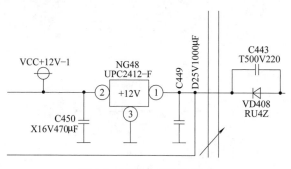

图 1-2　VD408 相关电路图

3.故障现象：图像上部在亮时出现回扫线

（1）**故障维修**：此类故障属电容 C318 不良，更换后即可排除故障。

（2）**图文解说**：检修时重点检测 C318。C318 相关电路如图 1-3所示。

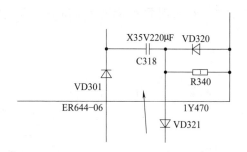

图 1-3　C318 相关电路图

4.故障现象：图像上部出现回扫线，下部无此现象

（1）**故障维修**：此类故障属电容 C305 不良，更换后即可排除故障。

（2）**图文解说**：检修时重点检测 C305。C305 相关电路如图 1-4所示。

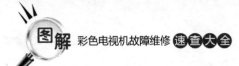

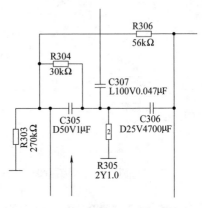

图 1-4　C305 相关电路图

5.故障现象：光栅闪烁，枕形校正失真

（1）故障维修：此类故障属电阻 R838、R839 变值，更换后即可排除故障。

（2）图文解说：检修时重点检测 R838。R838 相关电路如图 1-5所示。

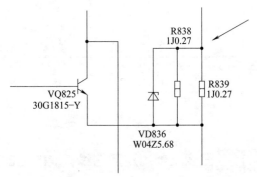

图 1-5　R838 相关电路图

6.故障现象：对比度弱且失控

（1）故障维修：此类故障属 C213 短路，更换后即可排除

故障。

（2）**图文解说**：检修时重点检测 TA8783 第⑤脚电压（正常为 3.8V）。C213 相关电路如图 1-6 所示。

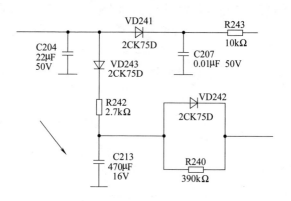

图 1-6　C213 相关电路图

7.故障现象：开机数十分钟后自动关机

（1）**故障维修**：此类故障属 C470 失效，更换后即可排除故障。

（2）**图文解说**：检修时重点检测 C470。C470 相关电路如图 1-7 所示。

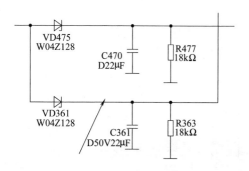

图 1-7　C470 相关电路图

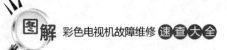

8.故障现象： 不能二次开机，机内有"嗒嗒"声

（1）**故障维修：** 此类故障属 R411 脱焊，补焊后即可排除故障。

（2）**图文解说：** 检修时重点检测 R411。R411 相关电路如图 1-8所示。

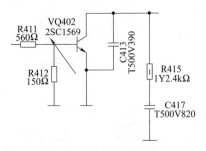

图 1-8 R411 相关电路图

9.故障现象： 满幅红光栅且有回扫线

（1）**故障维修：** 此类故障属 VDA32 损坏，更换后即可排除故障。

（2）**图文解说：** 检修时重点检测 VDA32。VDA32 相关电路如图 1-9 所示。

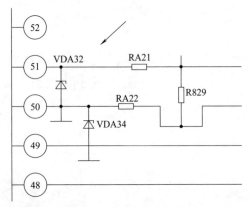

图 1-9 VDA32 相关电路图

10.故障现象：开机有光栅，无字符显示，无图像

（1）**故障维修**：此类故障属 RA04 不良，更换后即可排除故障。

（2）**图文解说**：检修时重点检测 RA04。RA04 相关电路如图 1-10 所示。当 VAQ02 不良时也会出现类似故障。

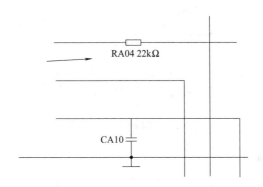

图 1-10　RA04 相关电路图

11.故障现象：图像几何失真且有闪动现象

（1）**故障维修**：此类故障属 C860 损坏，更换后即可排除故障。

（2）**图文解说**：检修时重点检测 C860。C860 相关电路如图 1-11所示。

12.故障现象：行管多次过热损坏

（1）**故障维修**：此类故障属电容 C416 漏液，更换后即可排除故障。

（2）**图文解说**：检修时重点检测 C416。C416 相关电路如图 1-12所示。

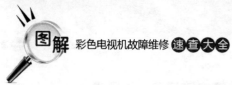

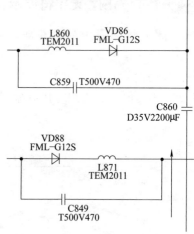

图 1-11　C860 相关电路图

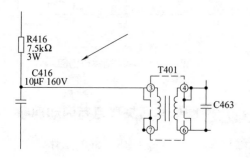

图 1-12　C416 相关电路图

第二节　长虹 C2919PV 型彩电

1.故障现象：蓝屏

　　（1）故障维修：此类故障属电阻 RA71 接触不良，更换后即可排除故障。

（2）**图文解说：** 检修时重点检测 DQA1 第⑰脚电压（正常为 4.6V）。RA71 相关电路如图 1-13 所示。

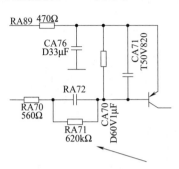

图 1-13　RA71 相关电路图

2.故障现象：交替出现蓝屏和厂家广告语

（1）**故障维修：** 此类故障属 VQV11 不良，更换后即可排除故障。

（2）**图文解说：** 检修时重点检测 VQV11。VQV11 相关电路如图 1-14 所示。

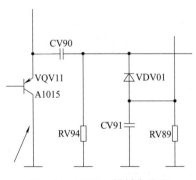

图 1-14　VQV11 相关电路图

3.故障现象：开机后自动关机

（1）**故障维修：** 此类故障属滤波电容 C448 不良，更换后即可排除故障。

（2）**图文解说**：检修时重点检测 C448。C448 相关电路如图 1-15所示。

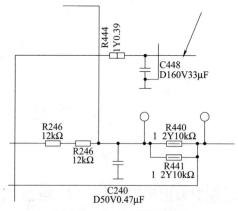

图 1-15　C448 相关电路图

4.故障现象：经常自动关机

（1）**故障维修**：此类故障属电阻 R474 损坏，更换后即可排除故障。

（2）**图文解说**：检修时重点检测 R474。R474 相关电路如图 1-16所示。当 XP52 不良时也会出现此类故障。

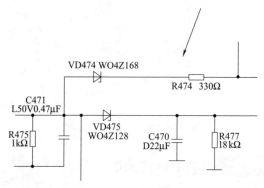

图 1-16　R474 相关电路图

5.故障现象： 屏幕上部有回扫线，且不时的抖动

（1）**故障维修：** 此类故障属 C318 不良，将原来的 $220\mu F/35V$ 换为 $470\mu F/35V$ 即可排除故障。

（2）**图文解说：** 检修时重点检测 C318。C318 相关电路如图 1-17所示。

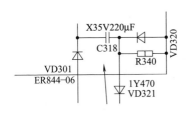

图 1-17 C318 相关电路图

第三节 长虹 CHD29168 型彩电

1.故障现象： 行中心偏移

（1）**故障维修：** 此类故障属 C409 不良，更换后即可排除故障。

（2）**图文解说：** 检修时重点检测＋B 电压（正常为 145V）。C409 相关电路如图 1-18 所示。

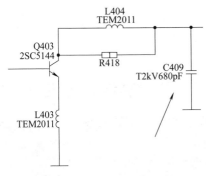

图 1-18 C409 相关电路图

2.故障现象：开机图特别暗，伴音正常

（1）**故障维修**：此类故障属电阻 R415 不良，更换后即可排除故障。

（2）**图文解说**：检修时重点检测 R415。R415 相关电路如图 1-19所示。

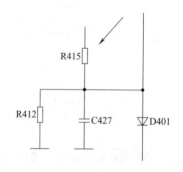

图 1-19　R415 相关电路图

3.故障现象：在正常收看中图像收缩，并伴随"啪"一声响后无光栅、无伴音、无图像

（1）**故障维修**：此类故障属电阻 R810 不良，更换后即可排除故障。

（2）**图文解说**：检修时重点检测 N801 第③脚电压（正常为18V）。R810 相关电路如图 1-20 所示。

4.故障现象：二次开机后又返回到待机状态

（1）**故障维修**：此类故障属电容 C422 变值，更换后即可排除故障。

（2）**图文解说**：检修时重点检测 C422。C422 相关电路如图 1-21所示。当 RG4 不良时也会出现类似故障。

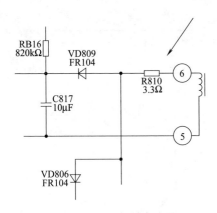

图 1-20　R810 相关电路图

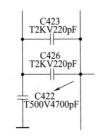

图 1-21　C422 相关电路图

第四节　长虹 CHD2983 型彩电

1.故障现象： **画面出现几何失真**

（1）**故障维修：** 此类故障属 D405 内部不良，更换后即可排除故障。

（2）**图文解说：** 检修时重点检测 D405。D405 相关电路如图 1-22所示。

2.故障现象： **无伴音，图像幅度时大时小**

（1）**故障维修：** 此类故障属 C101 不良，更换后即可排除

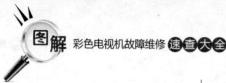

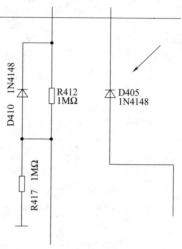

图 1-22   D405 相关电路图

故障。

（2）**图文解说**：检修时重点检测＋B 电压（正常为＋145V）。C101 相关电路如图 1-23 所示。当 G101 不良时也会出现此类故障。

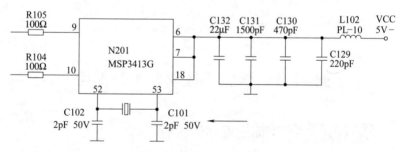

图 1-23   C101 相关电路图

3.故障现象：不能开机

（1）**故障现象**：此类故障属电容 C306 失效，更换后即可排除故障。

（2）**图文解说**：检修时重点检测 C306。C306 相关电路如图

1-24所示。

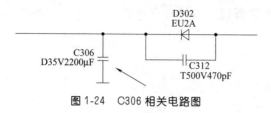

图 1-24　C306 相关电路图

4.故障现象：开机后自动关机

（1）**故障维修**：此类故障属电容 C423 不良，更换后即可排除故障。

（2）**图文解说**：检修时重点检测激励管集电极电压（正常为13V 左右）。C423 相关电路如图 1-25 所示。当二极管 DN05 不良时也会出现此类故障。

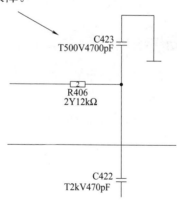

图 1-25　C423 相关电路图

第五节　长虹 CHD3891S 型彩电

1.故障现象：热机会聚变

（1）**故障维修**：此类故障属 C339 不良，更换后即可排除

故障。

(2) **图文解说**：检修时重点检测 C339。C339 相关电路如图 1-26所示。

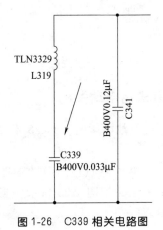

图 1-26　C339 相关电路图

2.故障现象：水平亮线

(1) **故障维修**：此类故障属电容 C221 不良，更换后即可排除故障。

(2) **图文解说**：检修时重点检测 AFC 电压（正常为 0.7V）。C221 相关电路如图 1-27 所示。

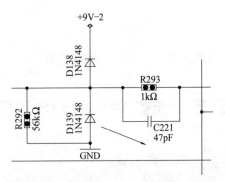

图 1-27　C221 相关电路图

3.故障现象：**枕形校正失真**

（1）**故障维修：**此类故障属存储器 N104 不良，将其取下重新写入程序即可排除故障。

（2）**图文解说：**检修时重点检测 N104。N104 相关电路如图1-28 所示。当 R414 不良时也会出现类似故障。

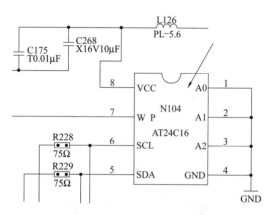

图 1-28　N104 相关电路图

4.故障现象：**自动关机**

（1）**故障维修：**此类故障属 C335 不良，更换后即可排除故障。

（2）**图文解说：**检修时重点检测 V316 的 B 级电压（正常为0.7V）。C335 相关电路如图1-29 所示。

5.故障现象：**黑屏**

（1）**故障维修：**此类故障属电阻 R395 不良，更换后即可排除故障。

（2）**图文解说：**检修时重点检测 R395。R395 相关电路如图1-30所示。

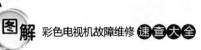

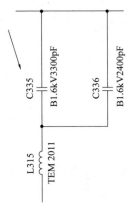

图 1-29　C335 相关电路图

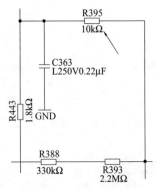

图 1-30　R395 相关电路图

⋮⋮⋮⋮ 6.故障现象：亮度过高且图像模糊

（1）故障维修：此类故障属电容 C363 漏电，更换后即可排除故障。

（2）图文解说：检修时重点检测 R395 两端压降（正常为 16.0V）。C363 相关电路如图 1-31 所示。

⋮⋮⋮⋮ 7.故障现象：有正常电视画面显示，却不能进入会聚调整画面

（1）故障维修：此类故障属 TDA9332 不良，更换后即可排除故障。

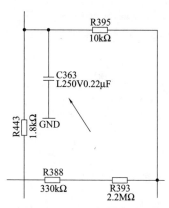

图 1-31　C363 相关电路图

（2）**图文解说**：检修时重点检测 TDA9332。TDA9332 相关电路如图 1-32 所示。

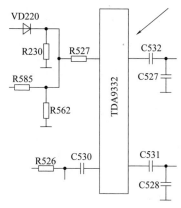

图 1-32　TDA9332 相关电路图

第六节　长虹 HP5168 型背投彩电

1.故障现象： **无光栅**

（1）**故障维修**：此类故障属 V261 不良，更换后即可排除故障。

(2) **图文解说**：检修时重点检测 V261。V261 相关电路如图 1-33 所示。当 V482 不良时也会出现类似故障。

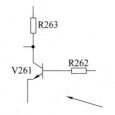

图 1-33　V261 相关电路图

2.故障现象：亮度影响行幅

（1）**故障维修**：此类故障属 V502 不良，更换后即可排除故障。

（2）**图文解说**：检修时重点检测 V502。V502 相关电路如图 1-34 所示。

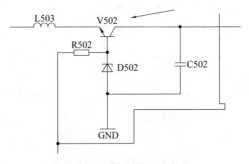

图 1-34　V502 相关电路图

3.故障现象：有声音、无光栅

（1）**故障维修**：此类故障属 R263 开路，更换后即可排除故障。

（2）**图文解说**：检修时重点检测 V262 基极电压（正常为 13.5V）。R263 相关电路如图 1-35 所示。

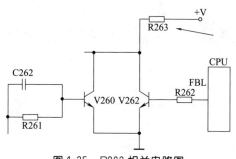

图 1-35　R263 相关电路图

4.故障现象：图像有彩点干扰

（1）**故障维修：**此类故障属 V262 性能不良，更换后即可排除故障。

（2）**图文解说：**检修时重点检测 V262 的 B 极电压（正常为－7.8V）。V262 相关电路如图 1-36 所示。当 C867 不良时也会出现类似故障。

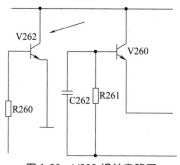

图 1-36　V262 相关电路图

第七节　长虹 PF2918E 型彩电

1.故障现象：无规律行叫

（1）**故障维修：**此类故障属 L406 不良，更换后即可排除故障。

（2）**图文解说**：检修时重点检测 L406。L406 相关电路如图 1-37所示。

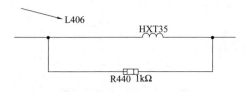

图 1-37　L406 相关电路图

2.故障现象：图像收缩

（1）**故障维修**：此类故障属 VD802 开路，更换后即可排除故障。

（2）**图文解说**：检修时重点检测 N801 第⑤脚电压（正常为 1.9V 左右）。VD802 相关电路如图 1-38 所示。

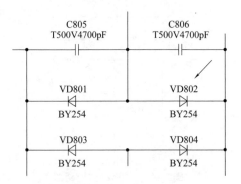

图 1-38　VD802 相关电路图

3.故障现象：图像下部向上压缩

（1）**故障维修**：此类故障属 N402 不良，更换后即可排除故障。

（2）**图文解说**：检修时重点检测 N402 输入端电压（正常为

12V）。N402 相关电路如图 1-39 所示。

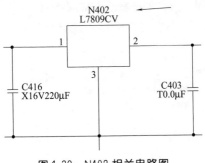

图 1-39　N402 相关电路图

4.故障现象：无字符显示

（1）**故障维修**：此类故障属 L207 开路，更换后即可排除故障。

（2）**图文解说**：检修时重点检测 L207。L207 相关电路如图 1-40所示。

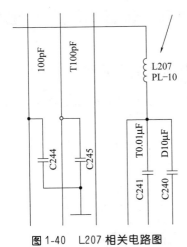

图 1-40　L207 相关电路图

5.故障现象：无光栅、无伴音、无图像

（1）**故障维修**：此类故障属 N801 不良，更换后即可排除故障。

（2）**图文解说**：检修时重点检测 N801。N801 相关电路如图 1-41 所示。当 R431 不良时也会出现此类故障。

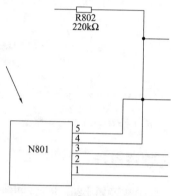

图 1-41   N801 相关电路图

第八节   长虹 PF2986 型彩电

1.故障现象：换台或搜索节目时易自动关机

（1）**故障维修**：此类故障属电容 C871 不良，更换后即可排除故障。

（2）**图文解说**：检修时重点检测 C871。C871 相关电路如图 1-42所示。当 VD872 不良时也会出现此类故障。

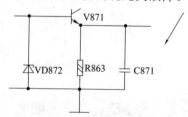

图 1-42   C871 相关电路图

2.故障现象：不能开机

（1）**故障维修**：此类故障属二极管 VD808 损坏，更换后即可排除故障。

（2）**图文解说**：检修时重点检测 VD808。VD808 相关电路如图 1-43 所示。当 VD803 不良时也会出现类似故障。

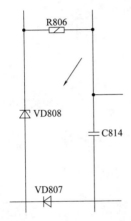

图 1-43　VD808 相关电路图

3.故障现象：行幅变小且出现抖动

（1）**故障维修**：此类故障属 VD831 损坏，更换后即可排除故障。

（2）**图文解说**：检修时重点检测＋B 电压（正常为 145V）。VD831 相关电路如图 1-44 所示。

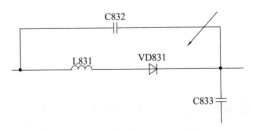

图 1-44　VD831 相关电路图

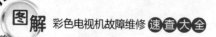

4.故障现象：搜台慢，只能接收极少的信号

（1）**故障维修：** 此类故障属 VD001 不良，更换后即可排除故障。

（2）**图文解说：** 检修时重点检测 VD001。VD001 相关电路如图 1-45 所示。

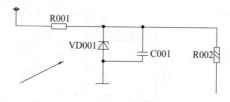

图 1-45　VD001 相关电路图

5.故障现象：图像左右抖动，光栅不稳定

（1）**故障维修：** 此类故障属稳压二极管 VD431 性能不良，更换后即可排除故障。

（2）**图文解说：** 检修时重点检测 VD431。VD431 相关电路如图 1-46 所示。

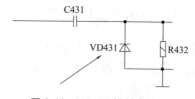

图 1-46　VD431 相关电路图

第九节　长虹 SF2915 型彩电

1.故障现象：有电源指示，但不能开机

（1）**故障维修：** 此类故障属 V871 不良，更换后即可排除故障。

（2）**图文解说**：检修时重点检测 CPU 的 3.3V 电压。V871 相关电路如图 1-47 所示。

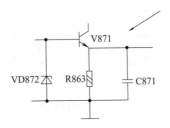

图 1-47　V871 相关电路图

2.故障现象： 开机后有极暗的彩色图像

（1）**故障维修**：此类故障属电阻 R482 开路，更换后即可排除故障。

（2）**图文解说**：检修时重点检测 TA9383 第㊾脚电压（正常为 3～4V）。R482 相关电路如图 1-48 所示。

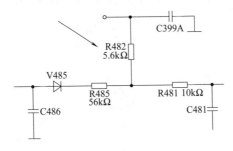

图 1-48　R482 相关电路图

3.故障现象： 行幅缩小，枕形校正失真，自动搜台不能存储

（1）**故障维修**：此类故障属 N200 不良，更换后即可排除故障。

（2）**图文解说**：检修时重点检测 N200。N200 相关电路如图 1-49 所示。

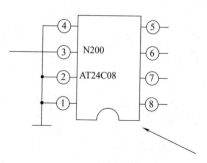

图 1-49　N200 相关电路图

第十节　长虹彩电其他机型

▚▚▚ 1.故障现象：CHD29155 型彩电枕形校正失真

（1）故障维修：此类故障属电阻 R464 不良，更换后即可排除故障。

（2）图文解说：检修时重点检测 R464。R464 相关电路如图 1-50 所示。

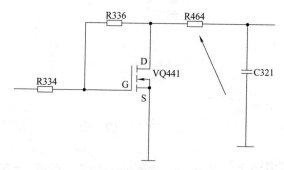

图 1-50　R464 相关电路图

▚▚▚ 2.故障现象：D2117A 型彩电黑屏，伴音异常

（1）故障维修：此类故障属 N1500 虚焊，重新补焊后即可排

除故障。

（2）**图文解说：**检修时重点检测 N1500。N1500 相关电路如图 1-51 所示。

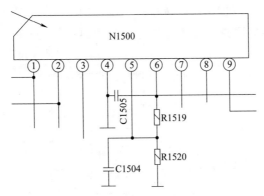

图 1-51　N1500 相关电路图

3.故障现象：G2109 型彩电开机 2s 后图像彩色消失，伴音沙哑

（1）**故障维修：**此类故障属 C713 不良，更换后即可排除故障。

（2）**图文解说：**检修时重点检测 C713。C713 相关电路如图 1-52 所示。

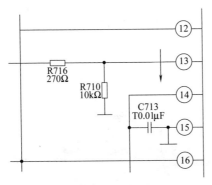

图 1-52　C713 相关电路图

4.故障现象：PF21300 型彩电指示灯闪烁，不能开机

（1）**故障维修**：此类故障属电阻 R548 不良，将其由原来的 $10k\Omega$ 改为 $24k\Omega$ 即可排除故障。

（2）**图文解说**：检修时重点检测 R548。R548 相关电路如图 1-53所示。

当行管和行变损坏时也会出现类似故障。

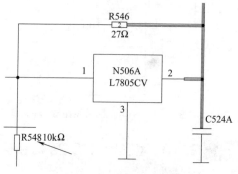

图 1-53　R548 相关电路图

5.故障现象：PF2598 型彩电屏幕上部有回扫线

（1）**故障维修**：此类故障属电阻 R406 断路，更换后即可排除故障。

（2）**图文解说**：检修时重点检测 R406。R406 相关电路如图 1-54所示。

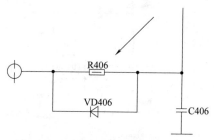

图 1-54　R406 相关电路图

6.故障现象：PF2939 型彩电场幅偏窄

（1）**故障维修**：此类故障属电容 C167 虚焊，补焊后即可排除故障。

（2）**图文解说**：检修时重点检测 C167。C167 相关电路如图 1-55所示。

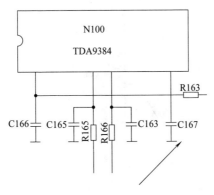

图 1-55　C167 相关电路图

7.故障现象：PF2939 型彩电个别台转换时伴音呜呜响，图像有偏移

（1）**故障维修**：此类故障属电容 C009 不良，更换后即可排除故障。

（2）**图文解说**：检修时重点检测 C009。C009 相关电路如图 1-56所示。

8.故障现象：PF2983 型彩电图像正常，无伴音

（1）**故障维修**：此类故障属电容 C664 不良，更换后即可排除故障。

（2）**图文解说**：检修时重点检测 N600 第④脚电压（正常为 7.6V 左右）。C664 相关电路如图 1-57 所示。

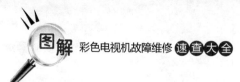

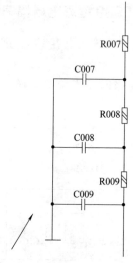

图 1-56　C009 相关电路图

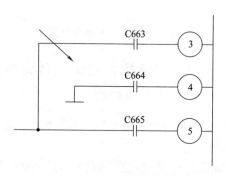

图 1-57　C664 相关电路图

9.故障现象：PT4206 型彩电按下开机键后，指示灯由绿色变为黄色，屏幕无法显示

（1）**故障维修**：此类故障属 C8060 不良，更换后即可排除故障。

（2）**图文解说**：检修时重点检测电源电路的 D5VL 和 D3V3。

C8060 相关电路如图 1-58 所示。

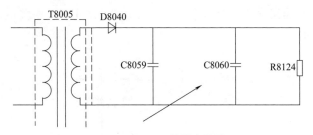

图 1-58　C8060 相关电路图

10.故障现象：PT4206 型彩电无光栅、无伴音、无图像，指示灯不亮

（1）**故障维修**：此类故障属 D8013 漏电，更换后即可排除故障。

（2）**图文解说**：检修时重点检测 D8013。D8013 相关电路如图 1-59 所示。当耦合器 PC817 不良时也会出现此类故障。

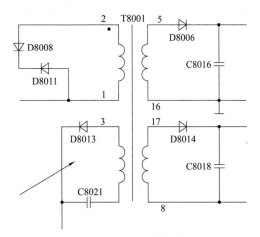

图 1-59　D8013 相关电路图

11.故障现象：SF2115 型彩电二次开机几秒钟后自动关机

（1）**故障维修**：此类故障属电阻 R896 开路，更换后即可排除

故障。

（2）**图文解说**：检修时重点检测 R896。R896 相关电路如图 1-60 所示。

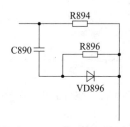

图 1-60　R896 相关电路图

12.故障现象： SF2515（A）型彩电画面右移，台标出现在屏幕中部的上方，屏幕左半部画面出现一条垂直阴影区带

（1）**故障维修**：此类故障属稳压管 VD448A 不良，更换后即可排除故障。

（2）**图文解说**：检修时重点检测 N100 第㉞脚的直流电压（正常为 0.7V 左右）。VD448A 相关电路如图 1-61 所示。

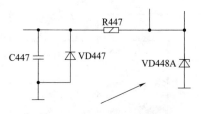

图 1-61　VD448A 相关电路图

13.故障现象： SF2515（A）型彩电在待机状态，机内发出较为强烈的"嗞嗞"声

（1）**故障维修**：此类故障属 V801 虚焊，补焊后即可排除故障。

（2）**图文解说**：检修时重点检测＋B 电压（正常为 145V）。
V801 相关电路如图 1-62 所示。

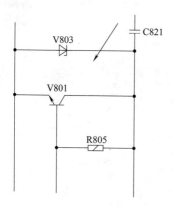

图 1-62　V801 相关电路图

第二章

海信彩电

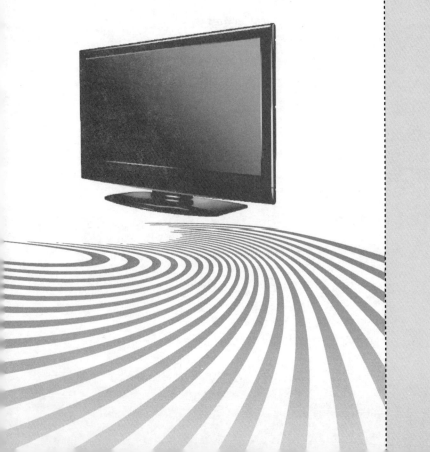

第一节　海信 HDP2907 型彩电

1.故障现象：彩电图像上有横纹干扰

（1）故障维修：此类故障属电容 C338、C382、C301、C302、C303 不良，更换后即可排除故障。

（2）图文解说：检修时重点检测数字板上的 5V、33V、2.5V 供电。C303 相关电路如图 2-1 所示。

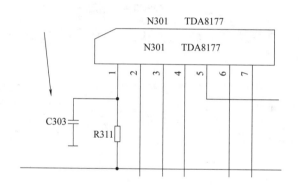

图 2-1　C303 相关电路图

2.故障现象：无光栅

（1）故障维修：此类故障属 X402 不良，更换后即可排除故障。

（2）图文解说：检修时重点检测 X402。X402 相关电路如图 2-2所示。当 N401 不良时也会出现此类故障。

3.故障现象：时而出现花屏，时而图像画面静止不动

（1）故障维修：此类故障属 N304、N305 不良，更换后即可排除故障。

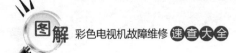

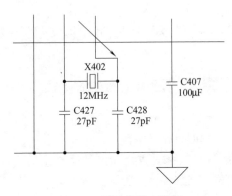

图 2-2　X402 相关电路图

（2）**图文解说**：检修时重点检测 N304、N305。N305 相关电路如图 2-3 所示。

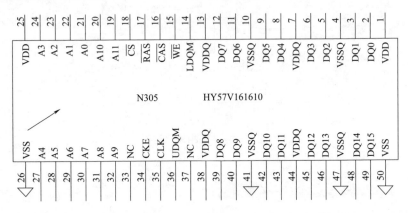

图 2-3　N305 相关电路图

4.故障现象：无光栅、无伴音、无图像

（1）**故障维修**：此类故障属 V403 损坏，更换后即可排除故障。

（2）**图文解说**：检修时重点检测 V403。V403 相关电路如图 2-4所示。当 C404 不良时也会出现类似故障。

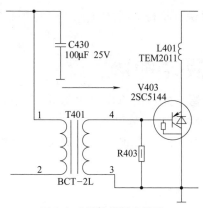

图 2-4 V403 相关电路图

第二节 海信 HDP2908N 型彩电

1.故障现象：彩电无光栅，屏幕有一条短亮线

（1）故障维修：此类故障属 C413 不良，更换后即可排除故障。

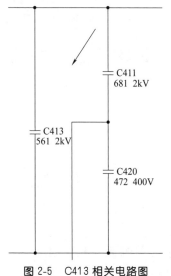

图 2-5 C413 相关电路图

（2）**图文解说：**检修时重点检测 C413。C413 相关电路如图 2-5所示。

2.故障现象：彩电图抖动

（1）**故障维修：**此类故障属电阻 R542 不良，将 R542 去掉，增加电容 C536 即可排除故障。

（2）**图文解说：**检修时重点检测 R542。R542 相关电路如图 2-6所示。

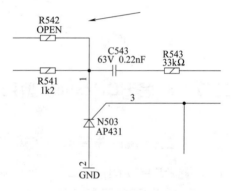

图 2-6　R542 相关电路图

3.故障现象：彩电开机无光栅、无伴音、无图像

（1）**故障维修：**此类故障属 V542 不良，更换后即可排除故障。

（2）**图文解说：**检修时重点检测 V542。V542 相关电路如图 2-7 所示。

4.故障现象：彩电无光，屡烧行管

（1）**故障维修：**此类故障属电容 C411 不良，更换后即可排除故障。

（2）**图文解说：**检修时重点检测 C420、C411。C411 相关电路如图 2-8 所示。

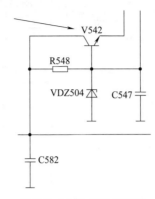

图 2-7　V542 相关电路图

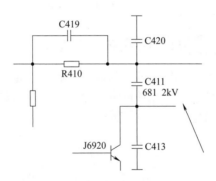

图 2-8　C411 相关电路图

第三节　海信 HDP2919CH 型彩电

⣿⣿ 1.故障现象：TV/AV 均黑屏

（1）**故障维修**：此类故障属电阻 R507 开路，更换后即可排除故障。

（2）**图文解说**：检修时重点检测 R507。R507 相关电路如图 2-9所示。

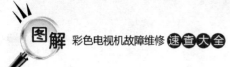
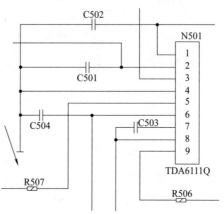

图 2-9　R507 相关电路图

2.故障现象：开机 1h 左右烧行管

（1）**故障维修**：此类故障属 R417 不良，更换后即可排除故障。

（2）**图文解说**：检修时重点检测 V402 的 C 极电压（正常为 14.7V 左右）。R417 相关电路如图 2-10 所示。

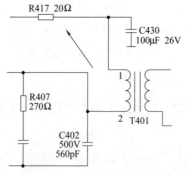

图 2-10　R417 相关电路图

3.故障现象：场不同步

（1）**故障维修**：此类故障属电阻 R514 开路，更换后即可排除

故障。

（2）**图文解说**：检修时重点检测 N302 第⑩脚电压（正常为 3.5V）。R514 相关电路如图 2-11 所示。

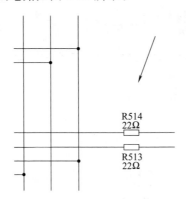

图 2-11　R514 相关电路图

4.故障现象： 自动关机

（1）**故障维修**：此类故障属 R815 不良，更换后即可排除故障。

（2）**图文解说**：检修时重点检测 R815。R815 相关电路如图 2-12所示。

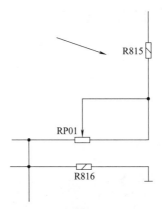

图 2-12　R815 相关电路图

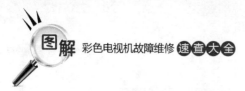
第四节 海信 HDP2919 型彩电

1.故障现象：不定时白屏

（1）**故障维修**：此类故障属 VD806 失效，更换后即可排除故障。

（2）**图文解说**：检修时重点检测 VD806。VD806 相关电路如图 2-13 所示。

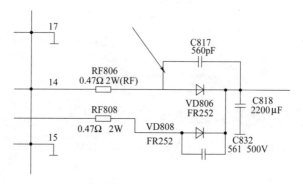

图 2-13 VD806 相关电路图

2.故障现象：出现底片图像

（1）**故障维修**：此类故障属 R866 或 R806 损坏，更换后即可排除故障。

（2）**图文解说**：检修时重点检测 R866。R866 相关电路如图 2-14所示。

3.故障现象：灯闪不能开机

（1）**故障维修**：此类故障属 V402 不良，更换后即可排除故障。

（2）**图文解说**：检修时重点检测 V402。V402 相关电路如图

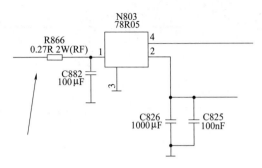

图 2-14   R866 相关电路图

2-15 所示。当 N511、N521 不良时也会出现此类故障。

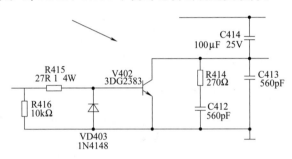

图 2-15   V402 相关电路图

4.故障现象： 从行幅窄到枕形校正失真

（1）**故障维修：** 此类故障属 VD407、VD409 不良，更换后即可排除故障。

（2）**图文解说：** 检修时重点检测 VD407、VD409。VD409 相关电路如图 2-16 所示。

5.故障现象： 无光栅、无伴音、无图像，蓝灯亮

（1）**故障维修：** 此类故障属 R941 不良，更换后即可排除故障。

（2）**图文解说：** 检修时重点检测 N901 第②脚电压（正常为

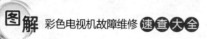

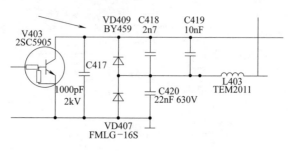

图 2-16　VD409 相关电路图

＋3.3V）。R941 相关电路如图 2-17 所示。当 C823 不良时也会出现此类故障。

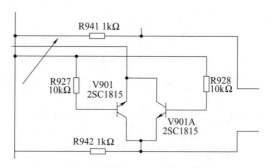

图 2-17　R941 相关电路图

6.故障现象： 通电后无光栅、无伴音、无图像，有"唧唧"声

（1）**故障维修：** 此类故障属电阻 R408 开路，更换后即可排除故障。

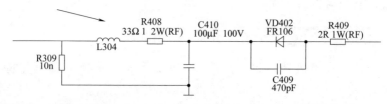

图 2-18　R408 相关电路图

（2）**图文解说**：检修时重点检测 R408。R408 相关电路如图 2-18所示。

第五节　海信 TC2978 型彩电

1.故障现象： 开机后自动关机

（1）**故障维修**：此类故障属 R343 阻值变大，更换后即可排除故障。

（2）**图文解说**：检修时重点检测 R343。R343 相关电路如图 2-19所示。当 N301 不良时也会出现此类故障。

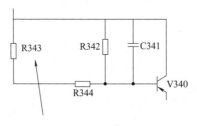

图 2-19　R343 相关电路图

2.故障现象： 开机数分钟后自动关机，指示灯闪烁

（1）**故障维修**：此类故障属电阻 R470 不良，更换后即可排除故障。

（2）**图文解说**：检修时重点检测 R470 的阻值（正常为 0.56Ω）。R470 相关电路如图 2-20 所示。

3.故障现象： 有时自动关机

（1）**故障维修**：此类故障属 T401 虚焊，补焊后即可排除故障。

（2）**图文解说**：检修时重点检测 T401。T401 相关电路如图 2-21所示。

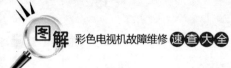

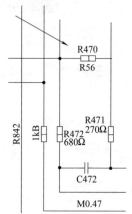

图 2-20 R470 相关电路图

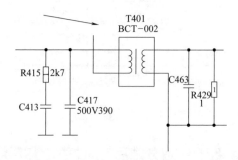

图 2-21 T401 相关电路图

4.故障现象: 水平有一条亮线

（1）**故障维修:** 此类故障属电容 C321 开路，更换后即可排除故障。

（2）**图文解说:** 检修时重点检测 C321。C321 相关电路如图 2-22所示。当 VD308 开路时也会出现类似故障。

5.故障现象: 枕形校正失真

（1）**故障维修:** 此类故障属 VD460 损坏，更换后即可排除

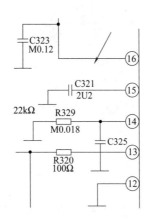

图 2-22　C321 相关电路图

故障。

（2）**图文解说**：检修时重点检测电源＋27V 供电。VD460 相关电路如图 2-23 所示。当电阻 R469 开路也会出现类似故障。

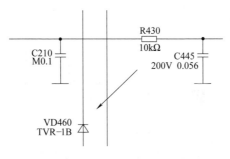

图 2-23　VD460 相关电路图

6.故障现象：画面上下比例失调

（1）**故障维修**：此类故障属 C305 不良，更换后即可排除故障。

（2）**图文解说**：检修时重点检测 C305。C305 相关电路如图 2-24所示。

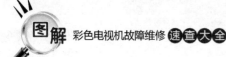

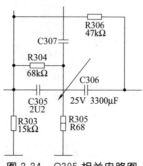

图 2-24　C305 相关电路图

7.故障现象：指示灯闪烁，无光栅、无伴音、无图像

（1）**故障维修：**此类故障属 HIC1016 不良，更换后即可排除故障。

（2）**图文解说：**检修时重点检测 HIC1016。HIC1016 相关电路如图 2-25 所示。

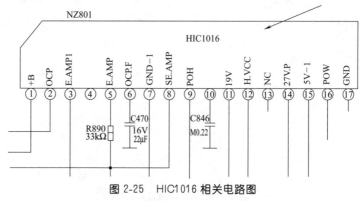

图 2-25　HIC1016 相关电路图

第六节　海信 TDF2901 型彩电

1.故障现象：伴音正常，有字符，屏幕上显示为十几条黑白相间宽度相同的竖条

（1）**故障维修：**此类故障属 X402 不良，更换后即可排除故障。

（2）**图文解说**：检修时重点检测 X402。X402 相关电路如图 2-26所示。

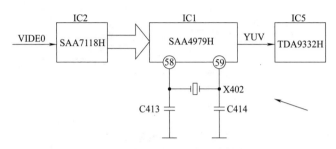

图 2-26　X402 相关电路图

2.故障现象：无光栅、无伴音、无图像，小灯亮

（1）**故障维修**：此类故障属集成电路 IC2 不良，更换后即可排除故障。

（2）**图文解说**：检修时重点检测 IC2。IC2 相关电路如图 2-27所示。

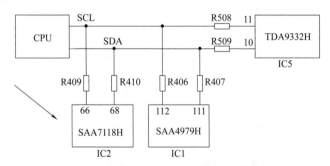

图 2-27　SAA7118H 相关电路图

3.故障现象：无图像、有伴音、字符正常

（1）**故障维修**：此类故障属 L802 开路损坏，更换后即可排除故障。

（2）**图文解说**：检修时重点检测 L802。L802 相关电路如图 2-28所示。

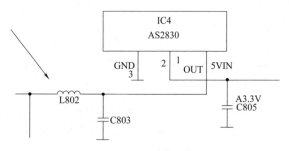

图 2-28　L802 相关电路图

4.故障现象：场下部失真

（1）**故障维修**：此类故障属 C504 不良，更换后即可排除故障。

（2）**图文解说**：检修时重点检测 C504。C504 相关电路如图 2-29所示。

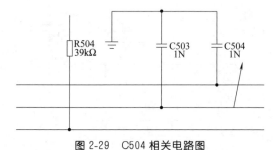

图 2-29　C504 相关电路图

5.故障现象：无光栅、无伴音、无图像，灯亮

（1）**故障维修**：此类故障属电阻 R508 开路，更换后即可排除故障。

（2）**图文解说**：检修时重点检测 N5 的第⑧脚电压（正常为 1.1V 左右）。R508 相关电路如图 2-30 所示。当 C503、C504 不良

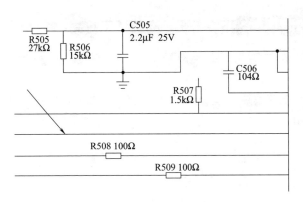

图 2-30 R508 相关电路图

时也会出现此类故障。

第七节 海信 TDF2988 型彩电

1.故障现象：上部有回归线

（1）**故障维修**：此类故障属电容 C352 漏电，更换后即可排除故障。

（2）**图文解说**：检修时重点检测 N301 第④脚供电电压（正常为 15V）。C352 相关电路如图 2-31 所示。

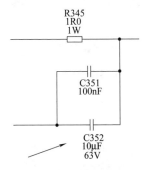

图 2-31 C352 相关电路图

2.故障现象：不能开机，电源指示灯亮

（1）**故障维修：**此类故障属 N301 不良，更换后即可排除故障。

（2）**图文解说：**检修时重点检测 N301。N301 相关电路如图 2-32 所示。

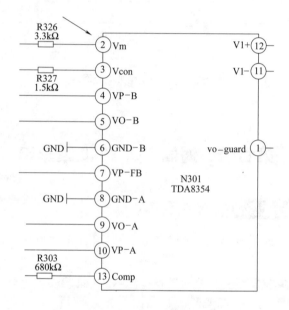

图 2-32　N301 相关电路图

3.故障现象：在收看过程中自动关机，二次开机时，指示灯颜色改变

（1）**故障维修：**此类故障属电阻 R844 不良，更换后即可排除故障。

（2）**图文解说：**检修时重点检测 R844 的阻值（正常为 0.47Ω）。R844 相关电路如图 2-33 所示。

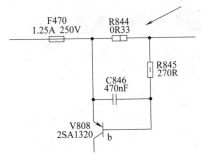

图 2-33　R844 相关电路图

第八节　海信 TF2107F 型彩电

1.故障现象： **伴音杂**

（1）**故障维修：** 此类故障属 C321 漏电，更换后即可排除故障。

（2）**图文解说：** 检修时重点检测伴音功放 N131 第①脚供电（正常为 13V）。C321 相关电路如图 2-34 所示。

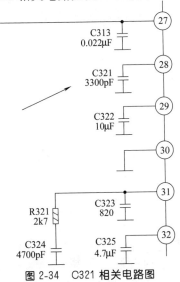

图 2-34　C321 相关电路图

2.故障现象：无图像无伴音

（1）**故障维修**：此类故障属 N301 不良，更换后即可排除故障。

（2）**图文解说**：检修时重点检测 N301。N301 相关电路如图 2-35 所示。

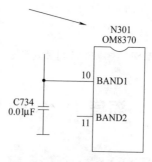

图 2-35　N301 相关电路图

3.故障现象：数条白色横线干扰

（1）**故障维修**：此类故障属 X301 不良，更换后即可排除故障。

（2）**图文解说**：检修时重点检测 X301。X301 相关电路如图 2-36所示。

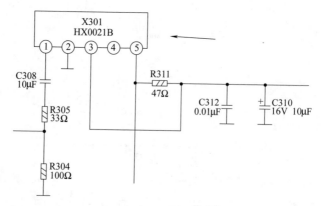

图 2-36　X301 相关电路图

4.故障现象：不能开机

（1）**故障维修**：此类故障属 L331 开路，更换后即可排除故障。

（2）**图文解说**：检修时重点检测 L331。L331 相关电路如图 2-37所示。

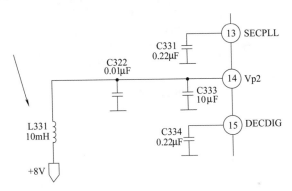

图 2-37　L331 相关电路图

第九节　海信 TF2988 型彩电

1.故障现象：自动搜台不记忆

（1）**故障维修**：此类故障属 C245 短路，更换后即可排除故障。

（2）**图文解说**：检修时重点检测 N201 第⑭脚电压（正常为 4.6V）。C245 相关电路如图 2-38 所示。

2.故障现象：无光栅、无伴音、无图像

（1）**故障维修**：此类故障属电阻 R524 不良，更换后即可排除故障。

（2）**图文解说**：检修时重点检测 R524。R524 相关电路如图

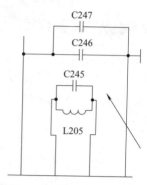

图 2-38　C245 相关电路图

2-39所示。当 NC06 不良时也会出现类似故障。

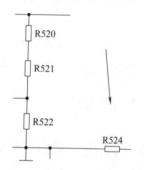

图 2-39　R524 相关电路图

3.故障现象：出现一条两头不到屏幕边缘的水平亮线

（1）故障维修：此类故障属 N203 损坏，更换后即可排除故障。

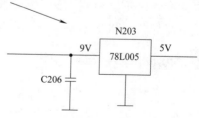

图 2-40　N203 相关电路图

（2）**图文解说**：检修时重点检测 TB1238 第㊻脚电压（正常为 5V）。N203 相关电路如图 2-40 所示。

第十节　海信彩电其他机型

1.故障现象：**DP2988H 型彩电灯亮，无光栅、无伴音、无图像**

（1）**故障维修**：此类故障属电阻 R521 不良，更换后即可排除故障。

（2）**图文解说**：检修时重点检测 R521。R521 相关电路如图 2-41所示。

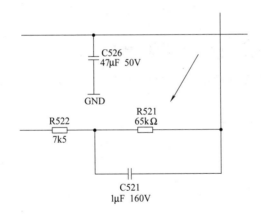

图 2-41　R521 相关电路图

2.故障现象：**DP2988H 型彩电出现水平亮线**

（1）**故障维修**：此类故障属电阻 R770 开路，更换后即可排除故障。

（2）**图文解说**：检修时重点检测 R770。R770 相关电路如图 2-42所示。

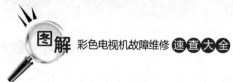
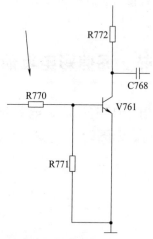

图 2-42　R770 相关电路图

3.故障现象：HDP2919H 型彩电无光栅、无伴音、无图像

（1）故障维修：此类故障属 C823 失效，更换后即可排除故障。

（2）图文解说：检修时重点检测 N801 第③脚供电（正常为20V 左右）。C823 相关电路如图 2-43 所示。当 C430 不良时也会出现此类故障。

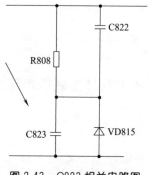

图 2-43　C823 相关电路图

4.故障现象：HDP2919H 型彩电无伴音

（1）**故障维修**：此类故障属 C633 不良，更换后即可排除故障。

（2）**图文解说**：检修时重点检测 C633。C633 相关电路如图 2-44所示。

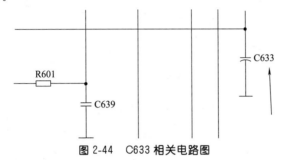

图 2-44　C633 相关电路图

5.故障现象：HDP2919H 型彩电无规律烧毁数只行管

（1）**故障维修**：此类故障属 V404、V405 不良，更换后即可排除故障。

（2）**图文解说**：检修时重点检测 V404、V405。V404、V405 相关电路如图 2-45 所示。

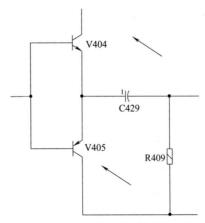

图 2-45　V404、V405 相关电路图

·:::: **6.故障现象：** HDP2977M 型彩电开机无图像，呈水平亮线，然后转为散焦现象

（1）**故障维修：** 此类故障属 N301 不良，更换后即可排除故障。

（2）**图文解说：** 检修时重点检测 N301。N301 相关电路如图 2-46 所示。

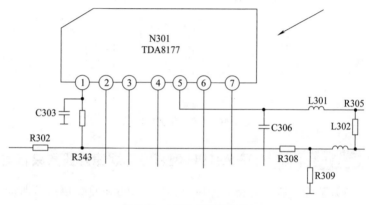

图 2-46　N301 相关电路图

·:::: **7.故障现象：** HDP2988C 型彩电在收看中突然黑屏

（1）**故障维修：** 此类故障属电容 C411 不良，更换后即可排除故障。

（2）**图文解说：** 检修时重点检测 C411。C411 相关电路如图 2-47所示。

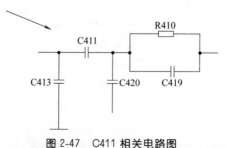

图 2-47　C411 相关电路图

8.故障现象：HDP3233 型彩电图像行场均不同步，有明显的扭曲和拉丝现象

（1）**故障维修：**此类故障属 V402、C412、C402 不良，更换后即可排除故障。

（2）**图文解说：**检修时重点检测 V402、C412、C402。V402 相关电路如图 2-48 所示。

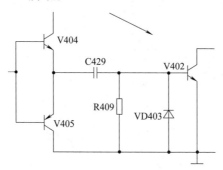

图 2-48　V402 相关电路图

9.故障现象：HDP3277CH/HDP3419CH 型彩电图不清、边缘模糊、台标发虚

（1）**故障维修：**此类故障属 VH01、VH02 不良，更换后即可排除故障。

（2）**图文解说：**检修时重点检测 VH01 的 C 极电压（正常为 320V）。VH02 相关电路如图 2-49 所示。

10.故障现象：HDP3277CH/HDP3419CH 型彩电指示灯明暗变化，开不了机

（1）**故障维修：**此类故障属 N802 不良，更换后即可排除故障。

（2）**图文解说：**检修时重点检测＋B 电压（正常为 140V）。N802 相关电路如图 2-50 所示。

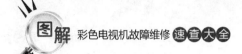

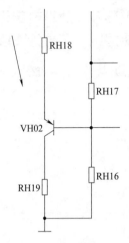

图 2-49　VH02 相关电路图

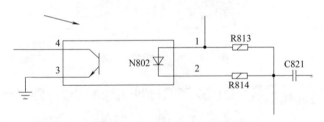

图 2-50　N802 相关电路图

11.故障现象： HDP34102 型彩电蓝屏，自动搜台不记忆

（1）故障维修：此类故障属 Q4 损坏，更换后即可排除故障。

（2）图文解说：检修时重点检测 Q4。Q4 相关电路如图 2-51
所示。

12.故障现象： SR4715 型彩电无图像无伴音

（1）故障维修：此类故障属二极管 VD413 损坏，更换后即可
排除故障。

（2）图文解说：检修时重点检测 N101 第⑳脚电压（正常为

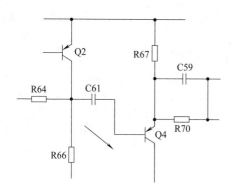

图 2-51　Q4 相关电路图

11.7V)。VD413 相关电路如图 2-52 所示。当 U131 不良时也会出现此类故障。

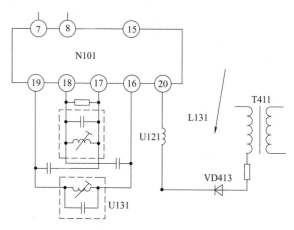

图 2-52　VD413 相关电路图

13.故障现象：TC2145 型彩电开机后亮度高彩色浓，用键控和遥控均不能调弱

　　（1）**故障维修**：此类故障属 N801 第㉓脚与 N201 第⑲脚间开路，重新补焊后即可排除故障。

　　（2）**图文解说**：检修时重点检测 N801、N201。N801、N201

相关电路如图 2-53 所示。

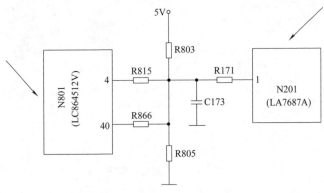

图 2-53　N801、N201 相关电路图

14.故障现象：TC2175L 型彩电屏幕左边有垂直色带干扰，干扰的颜色无规律

（1）**故障维修：**此类故障属电感 L432 不良，更换后即可排除故障。

（2）**图文解说：**检修时重点检测 L432。L432 相关电路如图 2-54所示。

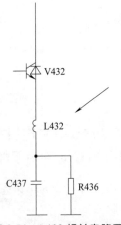

图 2-54　L432 相关电路图

15.故障现象: TC2508FB 型彩电不定时烧行管

（1）**故障维修**：此类故障属 C407 虚焊，补焊后即可排除故障。

（2）**图文解说**：检修时重点检测 C407。C407 相关电路如图 2-55所示。

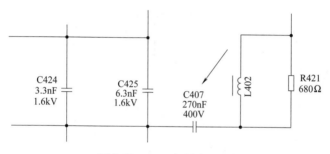

图 2-55　C407 相关电路图

16.故障现象: TC2508FB 型彩电不能开机、电源指示灯亮

（1）**故障维修**：此类故障属 R1426 开路，更换后即可排除故障。

（2）**图文解说**：检修时重点检测 R1426。R1426 相关电路如图 2-56 所示。当 IC001 不良时也会出现此类故障。

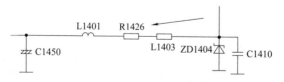

图 2-56　R1426 相关电路图

17.故障现象: TC2511H 型彩电无光栅、无伴音、无图像

（1）**故障维修**：此类故障属电阻 R552 开路，更换后即可排除

故障。

(2) **图文解说**：检修时重点检测 R552。R552 相关电路如图 2-57 所示。当 V432 不良时也会出现此类故障。

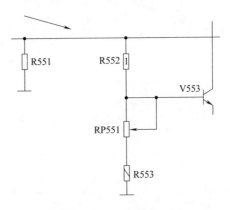

图 2-57　R552 相关电路图

18.故障现象：TC2518H 型彩电出现水平亮线

(1) **故障维修**：此类故障属 N552 内部短路，更换后即可排除故障。

(2) **图文解说**：检修时重点检测 N552 第③脚输出电压（正常为 3.3V 左右）。N552 相关电路如图 2-58 所示。

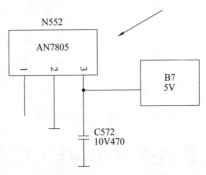

图 2-58　N552 相关电路图

19.故障现象：TC2518H型彩电开机无光栅、无伴音、无图像

（1）**故障维修**：此类故障属电阻 R747 开路，更换后即可排除故障。

（2）**图文解说**：检修时重点检测 N701 第③脚总线电压（正常为 5V 左右）。R747 相关电路如图 2-59 所示。当 L701 开路时也会出现此类故障。

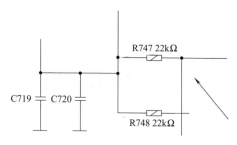

图 2-59　R747 相关电路图

20.故障现象：TC2518H型彩电通电后只有红指示灯不停闪烁，无光栅、无伴音，要等几分钟红灯常亮后才可一直正常收看

（1）**故障维修**：此类故障属 V553 不良，更换后即可排除故障。

（2）**图文解说**：检修时重点检测 V553。V553 相关电路如图 2-60所示。

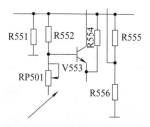

图 2-60　V553 相关电路图

21.故障现象：TC2978N 型彩电开机后自动关机

（1）故障维修：此类故障属 N301 不良，更换后即可排除故障。

（2）图文解说：检修时重点检测 N301。N301 相关电路如图 2-61 所示。

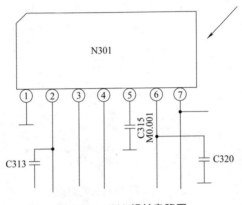

N301

①②③④⑤⑥⑦

C315
M0.001

C313

C320

图 2-61　N301 相关电路图

22.故障现象：TC2978N 型彩电开机无光栅、无伴音、无图像，指示灯不亮

（1）故障维修：此类故障属 N801 损坏，更换后即可排除故障。

（2）图文解说：检修时重点检测 N801。N801 相关电路如图 2-62所示。

23.故障现象：TC2988UF 型彩电试机行输出变压器对地打火立即关机

（1）故障维修：此类故障属 VD409 漏电，更换后即可排除故障。

（2）图文解说：检修时重点检测 UOC001 第㊾、㊿脚电压

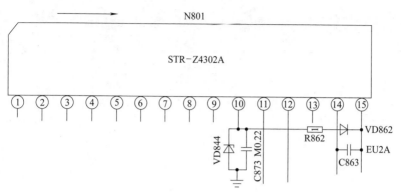

图 2-62　N801 相关电路图

（正常分别为 2.5V、4.5V）。VD409 相关电路如图 2-63 所示。

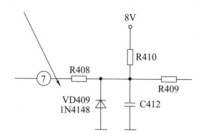

图 2-63　VD409 相关电路图

▒▒▒24.故障现象：TC2988UF 型彩电图像倒头模糊，场幅只有 1/4 屏

（1）故障维修：此类故障属 C301 不良，更换后即可排除故障。

（2）图文解说：检修时重点检测 C301。C301 相关电路如图 2-64所示。

▒▒▒25.故障现象：TC3436C 型彩电无图像，无伴音，屏幕不亮，电源指示灯也不亮

（1）故障维修：此类故障属 R909 不良，更换后即可排除

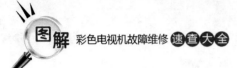

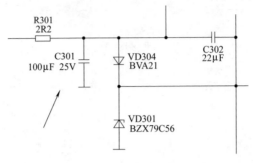

图 2-64   C301 相关电路图

故障。

(2) **图文解说**：检修时重点检测 R909。R909 相关电路如图 2-65所示。

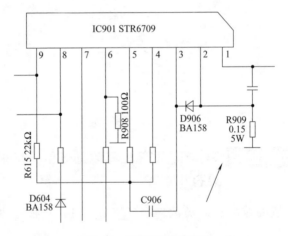

图 2-65   R909 相关电路图

::::: **26.故障现象**：**TF2107DH** 型彩电开机无光栅、无伴音、无图像，指示灯闪烁

(1) **故障维修**：此类故障属电阻 R693 虚焊，重新补焊后即可排除故障。

（2）**图文解说**：检修时重点检测 R693。R693 相关电路如图 2-66所示。

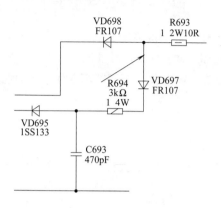

图 2-66　R693 相关电路图

27.故障现象：TF29118 型彩电雷击后开机无光栅，无伴音，指示灯闪

（1）**故障维修**：此类故障属 N802 损坏，更换后即可排除故障。

（2）**图文解说**：检修时重点检测 N802。N802 相关电路如图 2-67所示。

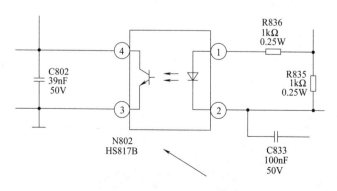

图 2-67　N802 相关电路图

28.故障现象：TF2911UF 型彩电开机指示灯亮，无光栅、无伴音、无图像

（1）故障维修：此类故障属 L202 不良，更换后即可排除故障。

（2）图文解说：检修时重点检测 N201 第㊴脚电压（正常为＋8V）。L202 相关电路如图 2-68 所示。当 V710 不良时也会出现此类故障。

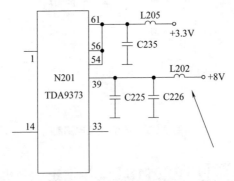

图 2-68　L202 相关电路图

29.故障现象：TF2977 型彩电光栅幅度时大时小，并不定时自动关机

（1）故障维修：此类故障属 VD561 不良，更换后即可排除故障。

（2）图文解说：检修时重点检测 VD561。VD561 相关电路如图 2-69 所示。

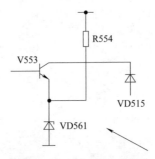

图 2-69　VD561 相关电路图

30.故障现象：TF2977 型彩电搜台时节目号不变化

（1）**故障维修**：此类故障属电容 C245 漏电，更换后即可排除故障。

（2）**图文解说**：检修时重点检测 N201 第㊽脚电压（正常为 4.4V 左右）。C245 相关电路如图 2-70 所示。

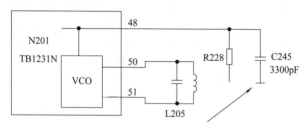

图 2-70　C245 相关电路图

31.故障现象：TF2989 型彩电屡损行管

（1）**故障维修**：此类故障属 VD554 不良，更换后即可排除故障。

（2）**图文解说**：检修时重点检测 VD554。VD554 相关电路如图 2-71 所示。

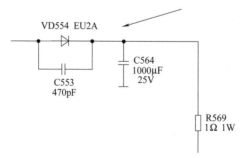

图 2-71　VD554 相关电路图

32.故障现象：TPW4211 型等离子彩电黑屏，蓝灯亮

（1）**故障维修**：此类故障属 C524 不良，更换后即可排除

故障。

(2) **图文解说：**检修时重点检测 PFC 电压（正常为 380V）。
C524 相关电路如图 2-72 所示。

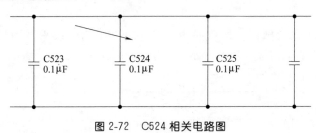

图 2-72　C524 相关电路图

第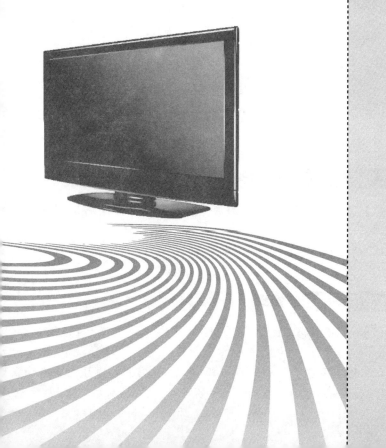章

海尔彩电

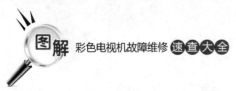

第一节 海尔 21T6D-T 型彩电

1.故障现象：屏幕有一条水平带色的断续亮线

（1）故障维修：此类故障属 R445 不良，更换后即可排除故障。

（2）图文解说：检修时重点检测 R445。R445 相关电路如图3-1所示。

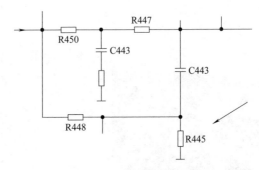

图 3-1　R445 相关电路图

2.故障现象：不定期出现伴音沙哑，伴音小

（1）故障维修：此类故障属 N701 不良，更换后即可排除故障。

（2）图文解说：检修时重点检测 N701。N701 相关电路如图3-2 所示。

3.故障现象：图像暗

（1）故障维修：此类故障属 C421 漏电，更换后即可排除故障。

（2）图文解说：检修时重点检测 N204 第㉗脚电压（正常为4V 左右）。C421 相关电路如图 3-3 所示。

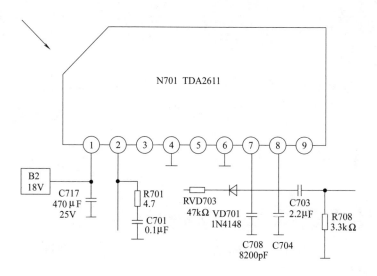

图 3-2　N701 相关电路图

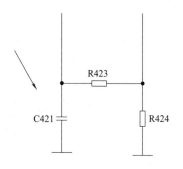

图 3-3　C421 相关电路图

4.故障现象：有伴音无光栅

（1）**故障维修**：此类故障属 L201 性能不良，更换后即可排除故障。

（2）**图文解说**：检修时重点检测 8823 第㊱脚电压（正常为5V）。L201 相关电路如图 3-4 所示。

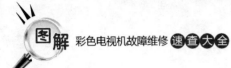

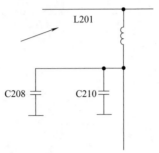

图 3-4　L201 相关电路图

:::: **5.故障现象：** **不定时出现屏保**

（1）**故障维修：**此类故障属 R247 一端虚连，补焊后即可排除故障。

（2）**图文解说：**检修时重点检测 R247。R247 相关电路如图3-5所示。

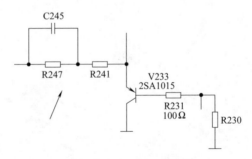

图 3-5　R247 相关电路图

第二节　海尔 29F3A-P 型彩电

:::: **1.故障现象：** **行幅度大**

（1）**故障维修：**此类故障属 VD404 不良，更换后即可排除故障。

(2) **图文解说**：检修时重点检测 VD404 负极电压（正常为 15～25V）。VD404 相关电路如图 3-6 所示。

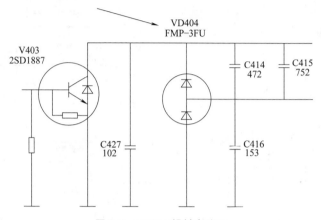

图 3-6　VD404 相关电路图

2.故障现象：电源指示灯为红色，不能二次开机

(1) **故障维修**：此类故障属 N202 不良，更换后即可排除故障。

(2) **图文解说**：检修时重点检测 N202。N202 相关电路如图 3-7 所示。

3.故障现象：伴音中有"嗡嗡"声

(1) **故障维修**：此类故障属 R603 不良，将 R603 的 3.3kΩ 减至 470Ω 即可排除故障。

(2) **图文解说**：检修时重点检测 R603。R603 相关电路如图 3-8所示。

4.故障现象：图暗，扭曲

(1) **故障维修**：此类故障属 V212 损坏，更换后即可排除

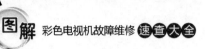
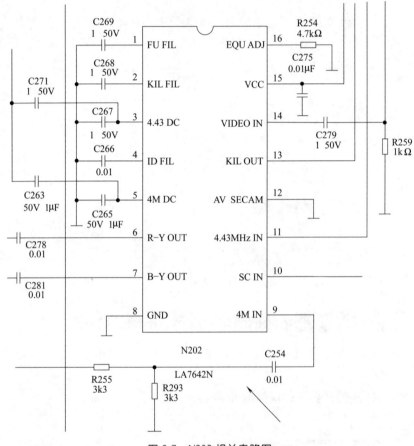

图 3-7　N202 相关电路图

故障。

（2）**图文解说**：检修时重点检测 V212。V212 相关电路如图 3-9 所示。

:::: **5.故障现象**：不能开机

（1）**故障维修**：此类故障属 VD805 损坏，更换后即可排除故障。

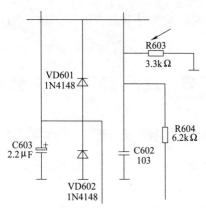

图 3-8　R603 相关电路图

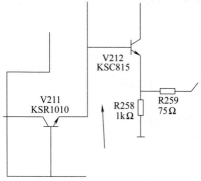

图 3-9　V212 相关电路图

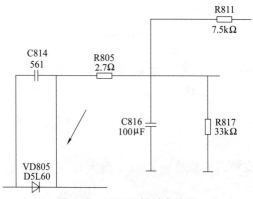

图 3-10　VD805 相关电路图

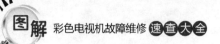

（2）**图文解说：**检修时重点检测 VD805。VD805 相关电路如图 3-10 所示。

第三节　海尔 29F5D-TA 型彩电

:::: **1.故障现象：** 电源指示灯亮，按遥控器不能开机

（1）**故障维修：**此类故障属 N613 损坏，更换后即可排除故障。

（2）**图文解说：**检修时重点检测 N613 输出脚电压（正常为12V）。N613 相关电路如图 3-11 所示。

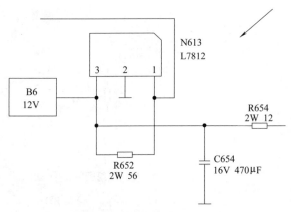

图 3-11　N613 相关电路图

:::: **2.故障现象：** 冷开机行幅慢慢变大同时左右枕形校正失真

（1）**故障维修：**此类故障属 V403 不良，更换后即可排除故障。

（2）**图文解说：**检修时重点检测 V403。V403 相关电路如图3-12 所示。

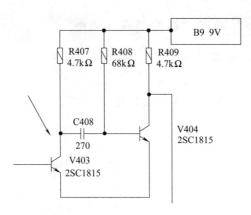

图 3-12　V403 相关电路图

3.故障现象： 开机后光栅逐渐偏色带回扫线

（1）故障维修：此类故障属 R915 阻值变大，更换后即可排除故障。

（2）图文解说：检修时重点检测 R915。R915 相关电路如图 3-13所示。

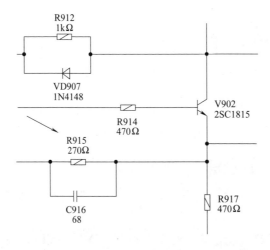

图 3-13　R915 相关电路图

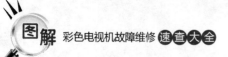

4.故障现象：不定期出现行幅缩小

（1）**故障维修**：此类故障属 V402 不良，更换后即可排除故障。

（2）**图文解说**：检修时重点检测 V402。V402 相关电路如图3-14 所示。

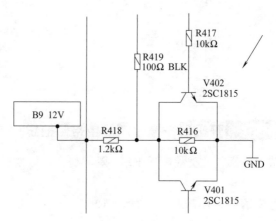

图 3-14　V402 相关电路图

5.故障现象：不能开机

（1）**故障维修**：此类故障属 N601 不良，更换后即可排除故障。

（2）**图文解说**：检修时重点检测 N201 总线电压（正常为4.5～5V）。N601 相关电路如图 3-15 所示。

6.故障现象：自动选台时黑屏

（1）**故障维修**：此类故障属 VD601 漏电，更换后即可排除故障。

（2）**图文解说**：检修时重点检测 VD601。VD601 相关电路如图 3-16 所示。

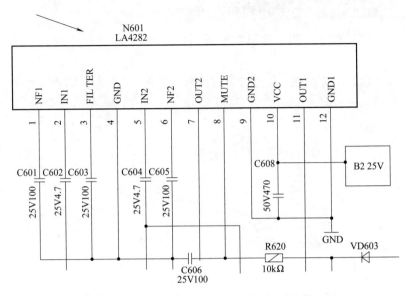

图 3-15　N601 相关电路图

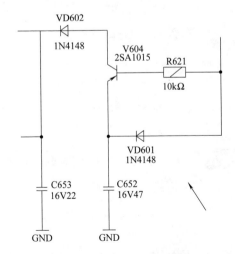

图 3-16　VD601 相关电路图

7.故障现象：有声音无图像

（1）故障维修：此类故障属 VD553 不良，更换后即可排除故障。

（2）图文解说：检修时重点检测数字板 5V 供电。VD553 相关电路如图 3-17 所示。

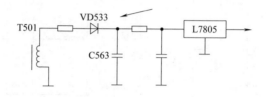

图 3-17　VD553 相关电路图

第四节　海尔 D29FV6-A 型彩电

1.故障现象：伴音出现蛤蟆样声音

（1）故障维修：此类故障属 N701 损坏，更换后即可排除故障。

（2）图文解说：检修时重点检测 N701。N701 相关电路如图 3-18 所示。

2.故障现象：开机工作 4～5h 图像中间出现 3cm 宽水平亮线

（1）故障维修：此类故障属电容 C303 不良，更换后即可排除故障。

（2）图文解说：检修时重点检测 C303。C303 相关电路如图 3-19所示。

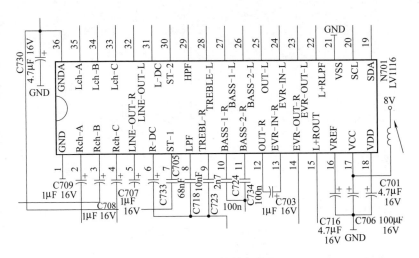

图 3-18　N701 相关电路图

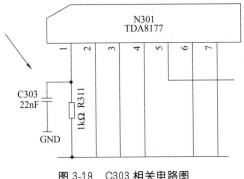

图 3-19　C303 相关电路图

3.故障现象：不定期发出啸叫声，图像有横纹拉丝干扰条

（1）故障维修：此类故障属 V405 不良，更换后即可排除故障。

（2）图文解说：检修时重点检测 V405。V405 相关电路如图 3-20 所示。

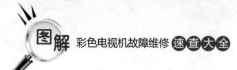

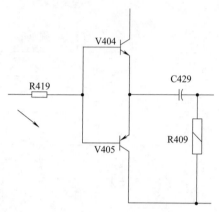

图 3-20　V405 相关电路图

4.故障现象：指示灯亮，不能二次开机

（1）**故障维修：** 此类故障属 N804 损坏，更换后即可排除故障。

（2）**图文解说：** 检修时重点检测 N804 第⑩脚电压（正常为 12V）。N804 相关电路如图 3-21 所示。

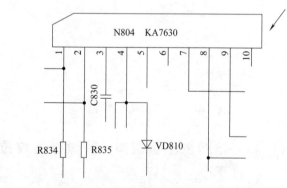

图 3-21　N804 相关电路图

5.故障现象：开机慢，缺绿色

（1）**故障维修：** 此类故障属 R526 断路，更换后即可排除故障。

（2）**图文解说**：检修时重点检测 R526。R526 相关电路如图 3-22所示。

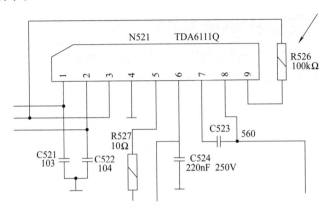

图 3-22　R526 相关电路图

6.故障现象：收看过程中机内冒烟，有焦味产生

（1）**故障维修**：此类故障属 C411 不良，更换后即可排除故障。

（2）**图文解说**：检修时重点检测 C411。C411 相关电路如图 3-23所示。

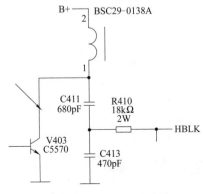

图 3-23　C411 相关电路图

91

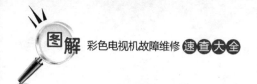

第五节　海尔 H-2598 型彩电

1.故障现象：重低音有"咯咯"声

（1）**故障维修**：此类故障属 C032 漏电，更换后即可排除故障。

（2）**图文解说**：检修时重点检测 C032。C032 相关电路如图 3-24 所示。

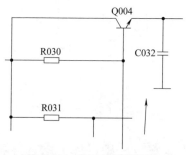

图 3-24　C032 相关电路图

2.故障现象：开机无光栅、无伴音、无图像

（1）**故障维修**：此类故障属 R903、R907、R923、D901、D902 损坏，更换后即可排除故障。

（2）**图文解说**：检修时重点检测电源电路。R903 相关电路如图 3-25 所示。

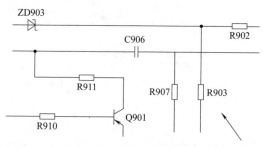

图 3-25　R903 相关电路图

3.故障现象：屏幕亮度偏低，图像缺红色

（1）故障维修：此类故障属 R231 不良，更换后即可排除故障。

（2）图文解说：检修时重点检测 R231。R231 相关电路如图 3-26所示。

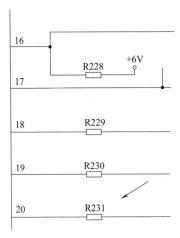

图 3-26　R231 相关电路图

4.故障现象：开机无光栅、无伴音、无图像

（1）故障维修：此类故障属电阻 R258 不良，更换后即可排除故障。

（2）图文解说：检修时重点检测开关电源输出的＋B 电压（正常为 130V）。R258 相关电路如图 3-27 所示。

5.故障现象：屏幕只有黑白图像，无彩色

（1）故障维修：此类故障属 C222 漏电，更换后即可排除故障。

（2）图文解说：检修时重点检测 C222。C222 相关电路如图 3-28所示。

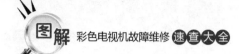

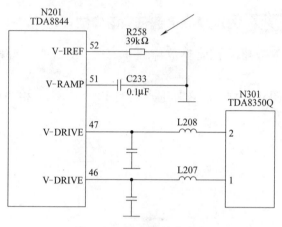

图 3-27   R258 相关电路图

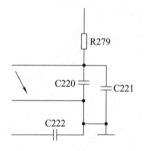

图 3-28   C222 相关电路图

6.故障现象：图像时有时无

（1）故障维修：此类故障属 IC205 第⑪脚与第⑯脚内 1H 延迟线接触不良，更换后即可排除故障。

（2）图文解说：检修时重点检测 IC205。IC205 相关电路如图 3-29 所示。

7.故障现象：上部 1/3 部分出现回扫线

（1）故障维修：此类故障属电容 C407 漏电，更换后即可排除故障。

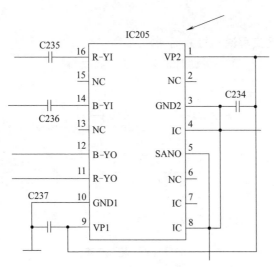

图 3-29 IC205 相关电路图

（2）**图文解说**：检修时重点检测 C407。C407 相关电路如图 3-30所示。

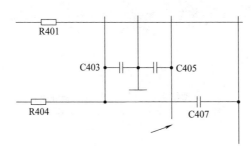

图 3-30 C407 相关电路图

第六节 海尔 H-2916 型彩电

1.故障现象：无光栅，无伴音，无图像

（1）**故障维修**：此类故障属 Q402 不良，更换后即可排除故障。

（2）**图文解说**：检修时重点检测 Q402。Q402 相关电路如图 3-31 所示。当 C909 不良时也会出现类似故障。

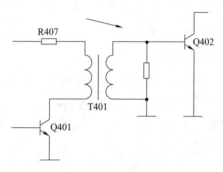

图 3-31　Q402 相关电路图

2.故障现象：行幅明显扩大且枕形校正失真

（1）**故障维修**：此类故障属 D435 短路，更换后即可排除故障。

（2）**图文解说**：检修时重点检测 D435。D435 相关电路如图 3-32所示。

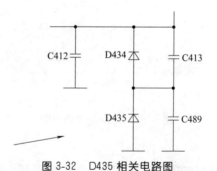

图 3-32　D435 相关电路图

3.故障现象：图像左右枕形校正失真严重，而行幅基本 正常

（1）**故障维修**：此类故障属 C1306 变值，更换后即可排除故障。

(2) **图文解说**：检修时重点检测 C1306。C1306 相关电路如图 3-33所示。当 C1301 损坏也会出现类似故障。

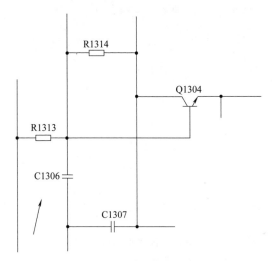

图 3-33　C1306 相关电路图

4.故障现象：指示灯亮，屏幕无光栅

(1) **故障维修**：此类故障属 Q402、C412 不良，更换后即可排除故障。

(2) **图文解说**：检修时重点检测 Q402、C412。C412 相关电路如图 3-34 所示。

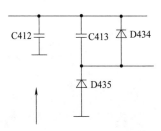

图 3-34　C412 相关电路图

5.故障现象：开机正常工作 30min 后自动关机

（1）**故障维修：** 此类故障属 R902 变值，更换后即可排除故障。

（2）**图文解说：** 检修时重点检测 R902。R902 相关电路如图
3-35所示。

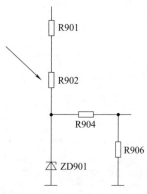

图 3-35 R902 相关电路图

6.故障现象：自动关机

（1）**故障维修：** 此类故障属 R442 不良，更换后即可排除故障。

（2）**图文解说：** 检修时重点检测 R442。R442 相关电路如图
3-36所示。

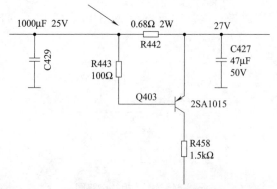

图 3-36 R442 相关电路图

第七节　海尔 H-2998 型彩电

1.故障现象： **图像上部约 1/3 部分出现倒梯形回扫线**

（1）**故障维修：** 此类故障属 C406 不良，更换后即可排除故障。

（2）**图文解说：** 检修时重点检测 C406。C406 相关电路如图 3-37所示。

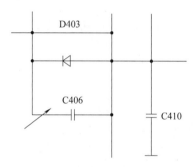

图 3-37　C406 相关电路图

2.故障现象： **开机后有伴音、无光栅、无图像**

（1）**故障维修：** 此类故障属 IC401 不良，更换后即可排除故障。

（2）**图文解说：** 检修时重点检测 IC401。IC401 相关电路如图 3-38 所示。

3.故障现象： **开机后屏幕中间呈 2cm 宽的一条水平亮线**

（1）**故障维修：** 此类故障属电容 C420 不良，更换后即可排除故障。

（2）**图文解说：** 检修时重点检测 C420。C420 相关电路如图 3-39所示。

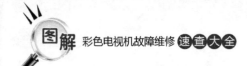

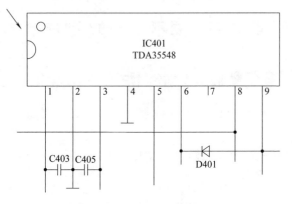

图 3-38　IC401 相关电路图

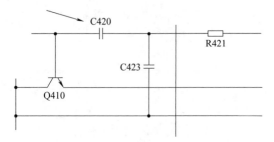

图 3-39　C420 相关电路图

4.故障现象：开机后接收 H 频段信号时图像彩色不稳定

（1）**故障维修**：此类故障属 IC104 不良，更换后即可排除故障。

（2）**图文解说**：检修时重点检测 IC104。IC104 相关电路如图 3-40 所示。

5.故障现象：开机后电源指示灯不亮，无光栅、无伴音

（1）**故障维修**：此类故障属 R904 不良，更换后即可排除故障。

（2）**图文解说**：检修时重点检测 R904。R904 相关电路如图

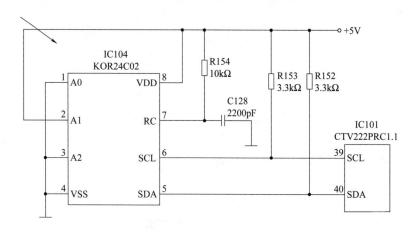

图 3-40　IC104 相关电路图

3-41所示。

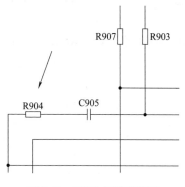

图 3-41　R904 相关电路图

⁞⁞⁞⁞ 6.故障现象：重低音有"咯咯"声干扰

（1）**故障维修**：此类故障属 Q003 开路，更换后即可排除故障。

（2）**图文解说**：检修时重点检测 Q003。Q003 相关电路如图3-42 所示。

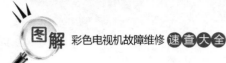

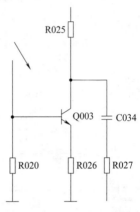

图 3-42　Q003 相关电路图

7.故障现象：有伴音，无光栅、无图像

（1）故障维修：此类故障属 R408 开路，更换后即可排除故障。

（2）图文解说：检修时重点检测 R408。R408 相关电路如图 3-43 所示。

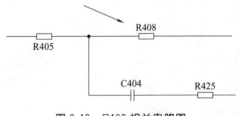

图 3-43　R408 相关电路图

第八节　海尔 H-2999 型彩电

1.故障现象：机内有"嗞嗞"声，无光栅，无伴音

（1）故障维修：此类故障属 D402、D403 不良，更换后即可排除故障。

（2）**图文解说**：检修时重点检测 D402、D403。D402 相关电路如图 3-44 所示。

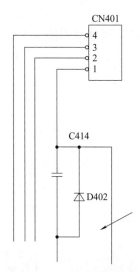

图 3-44　D402 相关电路图

2.故障现象：遥控不能彻底关机，屏幕上仍有暗红色不规则光斑

（1）**故障维修**：此类故障属 Q114 不良，更换后即可排除故障。

（2）**图文解说**：检修时重点检测待机电压（正常为 17V）。Q114 相关电路如图 3-45 所示。

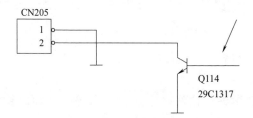

图 3-45　Q114 相关电路图

3.故障现象：AV、TV 状态无图像，蓝屏

（1）**故障维修**：此类故障属电容 C125 不良，更换后即可排除故障。

（2）**图文解说**：检修时重点 C125。C125 相关电路如图 3-46 所示。

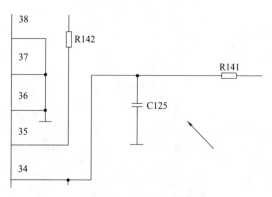

图 3-46　C125 相关电路图

4.故障现象：有伴音、无光栅、无图像

（1）**故障维修**：此类故障属 C431 不良，更换后即可排除故障。

（2）**图文解说**：检修时重点检测电源输出电压（正常为 +140V）。C431 相关电路如图 3-47 所示。

5.故障现象：开机后伴音正常，图像行不同步，且有行频啸叫声

（1）**故障维修**：此类故障属晶振 X201 不良，更换后即可排除故障。

（2）**图文解说**：检修时重点检测 X201。X201 相关电路如图 3-48所示。

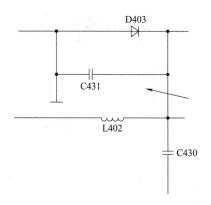

图 3-47　C431 相关电路图

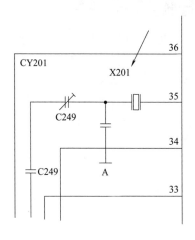

图 3-48　X201 相关电路图

6.故障现象：有规律自动关机（2~3min）

（1）**故障维修**：此类故障属 T401 不良，更换后即可排除故障。

（2）**图文解说**：检修时重点检测 T401。T401 相关电路如图3-49所示。

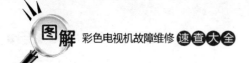

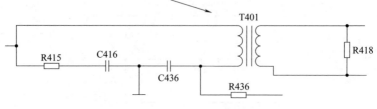

图 3-49　T401 相关电路图

第九节　海尔 HP-2969 型彩电

1.故障现象：伴音失真、沙哑

（1）故障维修：此类故障属电容 C820 失容，更换后即可排除故障。

（2）图文解说：检修时重点检测 C820。C820 相关电路如图 3-50所示。

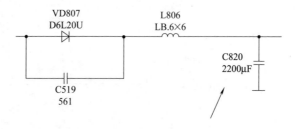

图 3-50　C820 相关电路图

2.故障现象：黑屏

（1）故障维修：此类故障属 NY01 不良，更换后即可排除故障。

（2）图文解说：检修时重点检测 NY01 第㊿脚电压（正常为 6V）。NY01 相关电路如图 3-51 所示。

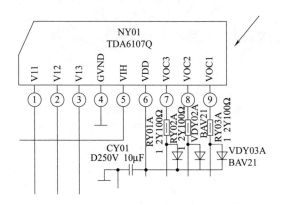

图 3-51　NY01 相关电路图

3.故障现象：无光栅、无伴音及电源指示灯闪烁

（1）**故障维修**：此类故障属 R815 不良，更换后即可排除故障。

（2）**图文解说**：检修时重点检测＋B 电压（正常为 130V）。R815 相关电路如图 3-52 所示。

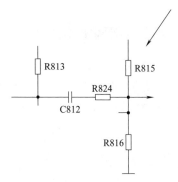

图 3-52　R815 相关电路图

4.故障现象：场幅不足

（1）**故障维修**：此类故障属电阻 R258 不良，更换后即可排除

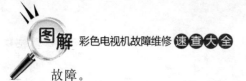

故障。

(2) **图文解说**：检修时重点检测 R258。R258 相关电路如图 3-53所示。

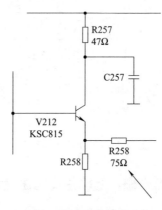

图 3-53 R258 相关电路图

第十节 海尔 HS-2558D 型彩电

1.故障现象：无规律出现水平亮线

(1) **故障维修**：此类故障属 LA7838 自励，在 LA7838 第③脚外接的电容 C512 上并联 $0.47\mu F/50V$ 涤纶电容即可排除故障。

(2) **图文解说**：检修时重点检测 LA7838。C512 相关电路如图 3-54 所示。

2.故障现象：不规律关机

(1) **故障维修**：此类故障属 VD824 不良，更换后即可排除故障。

(2) **图文解说**：检修时重点检测 VD824。VD824 相关电路如图 3-55 所示。

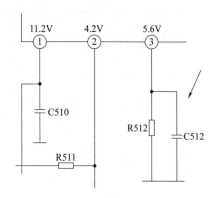

图 3-54 C512 相关电路图

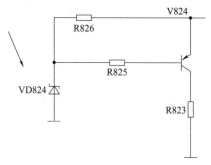

图 3-55 VD824 相关电路图

3.故障现象：自动搜索时不能存储

（1）**故障维修**：此类故障属 N3401 不良，更换后即可排除故障。

（2）**图文解说**：检修时重点检测 N3401。N3401 相关电路如图 3-56 所示。

4.故障现象：光栅左右收缩，且有回扫线

（1）**故障维修**：此类故障属 R252 开路，更换后即可排除故障。

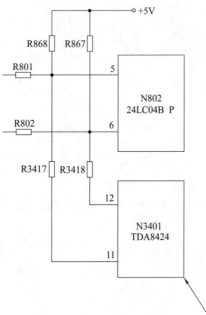

图 3-56   N3401 相关电路图

（2）**图文解说**：检修时重点检测 R252。R252 相关电路如图 3-57所示。

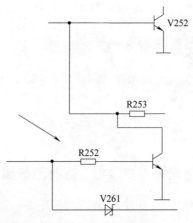

图 3-57   R252 相关电路图

5.故障现象：屏幕顶部约 1/4 部分出现几条回扫线

（1）**故障维修：**此类故障属电容 C517 不良，更换后即可排除故障。

（2）**图文解说：**检修时重点检测 C517。C517 相关电路如图 3-58所示。

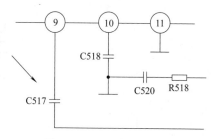

图 3-58　C517 相关电路图

第十一节　海尔 HS-2929 型彩电

1.故障现象：无光栅、无伴音、无图像

（1）**故障维修：**此类故障属电容 C423 失效，更换后即可排除故障。

（2）**图文解说：**检修时重点检测 C423。C423 相关电路如图 3-59所示。当电容 6N8 失效时也会出现类似故障。

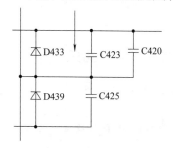

图 3-59　C423 相关电路图

2.故障现象：图抖

（1）**故障维修：**此类故障属电容 C513 不良，更换后即可排除故障。

（2）**图文解说：**检修时重点检测 C513。C513 相关电路如图 3-60所示。

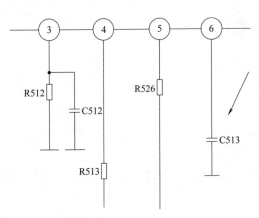

图 3-60　C513 相关电路图

3.故障现象：梯形校正失真

（1）**故障维修：**此类故障属 C464 不良，将 C464 （4.7μF/35V）改为 C464 （1μF/50V）即可排除故障。

（2）**图文解说：**检修时重点检测 C464。C464 相关电路如图 3-61所示。

4.故障现象：有声音、无图像

（1）**故障维修：**此类故障属 C819 开焊，补焊后即可排除故障。

（2）**图文解说：**检修时重点检测 C819。C819 相关电路如图 3-62所示。

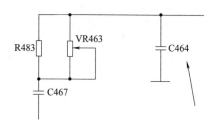

图 3-61　C464 相关电路图

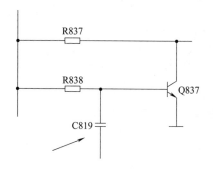

图 3-62　C819 相关电路图

第十二节　海尔彩电其他机型

1.故障现象：21F8D-S 型彩电不能开机

（1）**故障维修**：此类故障属电容 C615、C614 不良，更换后即可排除故障。

（2）**图文解说**：检修时重点检测 C615、C614。C614 相关电路如图 3-63 所示。

2.故障现象：25F3A-T 型彩电行不同步

（1）**故障维修**：此类故障属电容 C308 不良，更换后即可排除

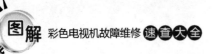

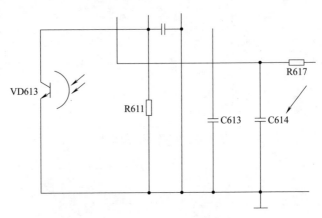

图 3-63　C614 相关电路图

故障。

（2）**图文解说**：检修时重点检测 C308。C308 相关电路如图 3-64所示。

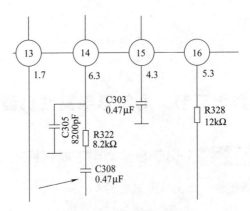

图 3-64　C308 相关电路图

:::: 3.故障现象： 25F3A-T 型彩电遥控不接收

（1）**故障维修**：此类故障属电容 C1001 不良，更换后即可排除故障。

（2）**图文解说**：检修时重点检测 C1001。C1001 相关电路如图 3-65 所示。

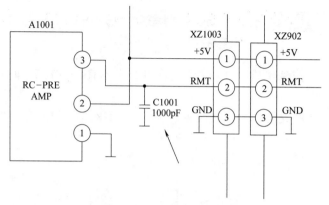

图 3-65　C1001 相关电路图

4.故障现象：25F9K-T 型彩电伴音调大时，出现浮雕状的干扰花纹

（1）**故障维修**：此类故障属电阻 R217 虚焊，补焊后即可排除故障。

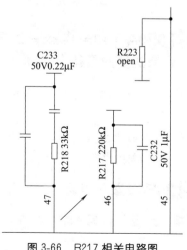

图 3-66　R217 相关电路图

（2）**图文解说**：检修时重点检测 R217。R217 相关电路如图 3-66 所示。

∷∷5.故障现象： **25F9K-T 型彩电刚开机时正常，10min 后无光**

（1）**故障维修**：此类故障属 VD232 不良，更换后即可排除故障。

（2）**图文解说**：检修时重点检测 VD232。VD232 相关电路如图 3-67 所示。

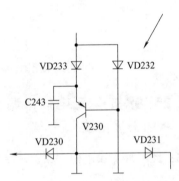

图 3-67　VD232 相关电路图

∷∷6.故障现象： **29F5A-T 型彩电接有线电视发现大多数台有时显的雪花点干扰**

（1）**故障维修**：此类故障属电容 C122 漏电，更换后即可排除故障。

（2）**图文解说**：检修时重点检测 N201 的 RFAGC 电压（正常为 2.7～2.9V）。C122 相关电路如图 3-68 所示。

∷∷7.故障现象： **29F66 型彩电无光栅、无伴音、无图像**

（1）**故障维修**：此类故障属 N502 损坏，更换后即可排除故障。

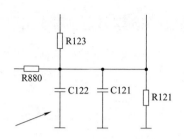

图 3-68　C122 相关电路图

（2）**图文解说**：检修时重点检测 N502。N502 相关电路如图 3-69 所示。

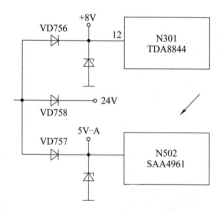

图 3-69　N502 相关电路图

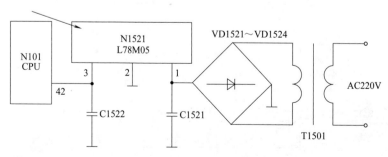

图 3-70　N1521 相关电路图

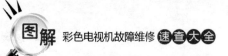

8.故障现象: 29F66型彩电收看中出现无规律关机

（1）**故障维修:** 此类故障属 N1521 不良,更换后即可排除故障。

（2）**图文解说:** 检修时重点检测 N1521。N1521 相关电路如图 3-70 所示。

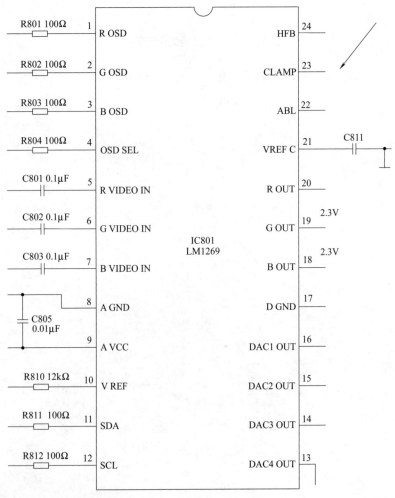

图 3-71 IC801 相关电路图

9.故障现象：29F7A-PN 型彩电模拟量不能记忆

（1）**故障维修**：此类故障属 IC801 不良，更换后即可排除故障。

（2）**图文解说**：检修时重点检测 IC801。IC801 相关电路如图3-71 所示。

10.故障现象：29F8A-N 型彩电二次不能开机

（1）**故障维修**：此类故障属 R437 开焊，补焊后即可排除故障。

（2）**图文解说**：检修时重点检测 R437。R437 相关电路如图3-72所示。

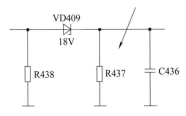

图 3-72　R437 相关电路图

11.故障现象：29F8A-N 型彩电雷击后不能开机

（1）**故障维修**：此类故障属 N901 损坏，更换后即可排除故障。

（2）**图文解说**：检修时重点检测 N901。N901 相关电路如图3-73 所示。

12.故障现象：29F9D-T 型彩电初开机能正常收看，约半小时后突然无图像

（1）**故障维修**：此类故障属 V251 不良，更换后即可排除故障。

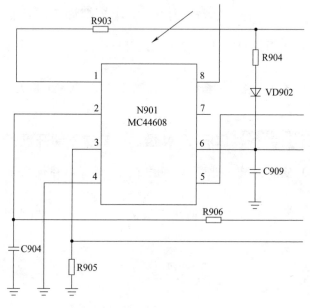

图 3-73　N901 相关电路图

（2）**图文解说**：检修时重点检测 V251。V251 相关电路如图 3-74 所示。

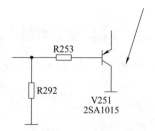

图 3-74　V251 相关电路图

13.故障现象：29FTA-T 型彩电出现类似于锯齿波状的干扰花纹

（1）**故障维修**：此类故障属 V403 脱焊，补焊后即可排除故障。

（2）**图文解说**：检修时重点检测 V403。V403 相关电路如图
3-75 所示。

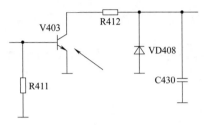

图 3-75　V403 相关电路图

14.故障现象：29T8D-T 型彩电换台或画面变换时频繁自动关机

（1）**故障维修**：此类故障属电容 C436 不良，更换后即可排除
故障。

（2）**图文解说**：检修时重点检测 C436。C436 相关电路如图
3-76所示。

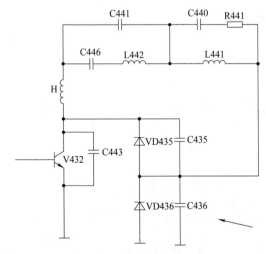

图 3-76　C436 相关电路图

15.故障现象：29T8D-T 型彩电开机瞬间能听到高压声，随后无光栅、无伴音、无图像，指示灯亮

（1）**故障维修**：此类故障属 R451 虚焊，补焊后即可排除故障。

（2）**图文解说**：检修时重点检测 R451。R451 相关电路如图 3-77所示。

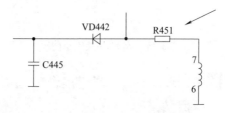

图 3-77　R451 相关电路图

16.故障现象：34P9A-T 型彩电黑屏

（1）**故障维修**：此类故障属 V601 漏电，更换后即可排除故障。

（2）**图文解说**：检修时重点检测 V601。V601 相关电路如图 3-78 所示。

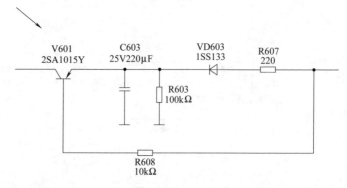

图 3-78　V601 相关电路图

17.故障现象：34P9A-T型彩电图像正常，但伴音小且失真

（1）**故障维修**：此类故障属电容 C239 漏电，更换后即可排除故障。

（2）**图文解说**：检修时重点检测 C239。C239 相关电路如图 3-79所示。

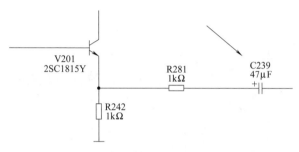

V201
2SC1815Y

R281
1kΩ

C239
47μF

R242
1kΩ

图 3-79　C239 相关电路图

18.故障现象：34P9A-T型彩电在收看过程中图像背景有类似于浮雕状的干扰，在水平方向移动的同时不断上下跳动

（1）**故障维修**：此类故障属电容 C232 失效，更换后即可排除故障。

（2）**图文解说**：检修时重点检测 C232。C232 相关电路如图 3-80所示。

19.故障现象：D29F7A-PN型彩电无红色，开机光栅显示比较慢

（1）**故障维修**：此类故障属电阻 R516 不良，更换后即可排除故障。

（2）**图文解说**：检修时重点检测 R516。R516 相关电路如图 3-81所示。

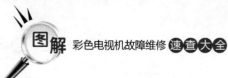

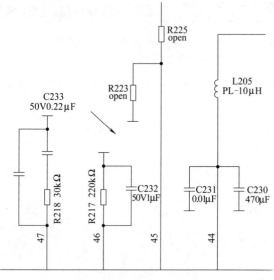

图 3-80　C232 相关电路图

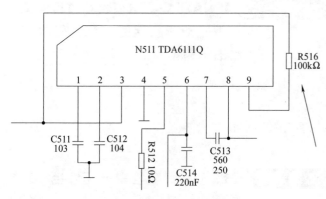

图 3-81　R516 相关电路图

20.故障现象：D29MT1 型彩电不能开机

（1）故障维修：此类故障属 IC550 不良，更换后即可排除故障。

124

（2）**图文解说**：检修时重点检测 IC550。IC550 相关电路如图 3-82 所示。

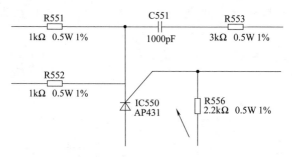

图 3-82　IC550 相关电路图

21.故障现象：**D29MT1 型彩电枕形校正失真**

（1）**故障维修**：此类故障属 Q610 不良，更换后即可排除故障。

（2）**图文解说**：检修时重点检测 Q610。Q610 相关电路如图 3-83 所示。

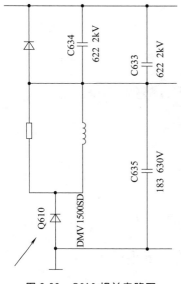

图 3-83　Q610 相关电路图

22.故障现象：D34FV6H-CN 型彩电屡烧行管

（1）**故障维修：**此类故障属 N801 不良，更换后即可排除故障。

（2）**图文解说：**检修时重点检测 N801。N801 相关电路如图 3-84 所示。

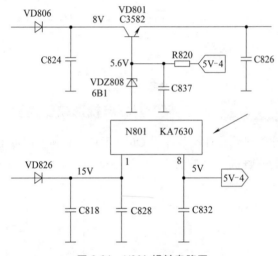

图 3-84　N801 相关电路图

23.故障现象：D34FV6H-CN 型彩电偶尔自动开关机

（1）**故障维修：**此类故障属 V403 虚焊，补焊后即可排除故障。

（2）**图文解说：**检修时重点检测 V403。V403 相关电路如图 3-85 所示。

24.故障现象：D34FV6H-CN 型彩电有时无光但有伴音

（1）**故障维修：**此类故障属 C411 漏电，更换后即可排除故障。

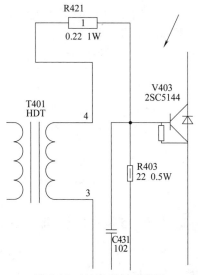

图 3-85　V403 相关电路图

（2）**图文解说**：检修时重点检测 C411。C411 相关电路如图 3-86所示。

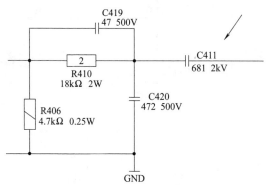

图 3-86　C411 相关电路图

25.故障现象：**H-2116 型彩电开机后无光栅、无伴音、无图像**

（1）**故障维修**：此类故障属 R439 不良，更换后即可排除故障。

（2）**图文解说**：检修时重点检测 IC301 第⑤脚电压（正常为0V）。R439 相关电路如图 3-87 所示。

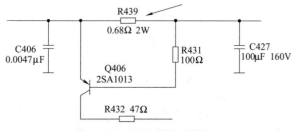

图 3-87　R439 相关电路图

26.故障现象：H-2516 型彩电开机 10min 后自动关机

（1）**故障维修**：此类故障属 IC601 损坏，更换后即可排除故障。

（2）**图文解说**：检修时重点检测 IC601。IC601 相关电路如图 3-88 所示。

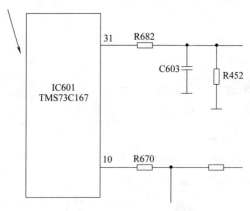

图 3-88　IC601 相关电路图

27.故障现象：H-2579C 型彩电自动搜索存储后部分电视台伴音中有噪声

（1）**故障维修**：此类故障属 VD780 不良，更换后即可排除故障。

（2）**图文解说**：检修时重点检测 VD780 发射极电压（正常为 5V 左右）。VD780 相关电路如图 3-89 所示。

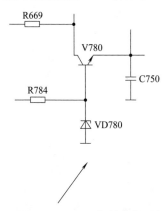

图 3-89　VD780 相关电路图

28.故障现象：H2958C 型彩电开机烧熔丝

（1）**故障维修**：此类故障属 Q402 不良，更换后即可排除故障。

（2）**图文解说**：检修时重点检测＋B 电压（正常为 140V）。Q402 相关电路如图 3-90 所示。

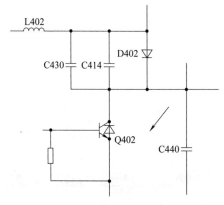

图 3-90　Q402 相关电路图

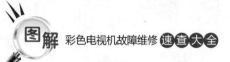

29.故障现象：HA-2169A1型彩电开不了机

（1）**故障维修：**此类故障属 C562 不良，更换后即可排除故障。

（2）**图文解说：**检修时重点检测电源 180V 电压。C562 相关电路如图 3-91 所示。

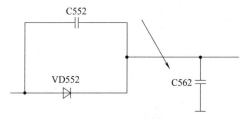

图 3-91　C562 相关电路图

30.故障现象：HA-2169A型彩电开机后光栅亮度过低

（1）**故障维修：**此类故障属 C233 不良，更换后即可排除故障。

（2）**图文解说：**检修时重点检测 LA7680 第㊱脚电压（正常为3.3V）。C233 相关电路如图 3-92 所示。

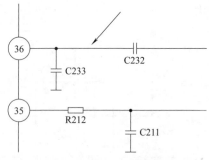

图 3-92　C233 相关电路图

31.故障现象：HD-3299型彩电无规律自动关机

（1）**故障维修：**此类故障属 VD853 不良，更换后即可排除故障。

（2）**图文解说**：检修时重点检测 VD853。VD853 相关电路如图 3-93 所示。

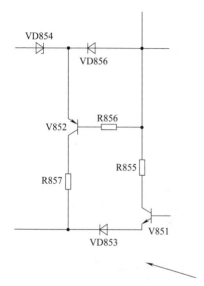

图 3-93　VD853 相关电路图

32.故障现象：HP-2998B 型彩电伴音输出左右声道不一致

（1）**故障维修**：此类故障属 C860 漏电，更换后即可排除故障。

（2）**图文解说**：检修时重点检测 C860。C860 相关电路如图 3-94所示。

33.故障现象：HP-2998B 型彩电每次开机时原接收的第一频道信号总是出现跑台现象，但经遥控换台后又恢复正常

（1）**故障维修**：此类故障属电阻 R705 不良，更换后即可排除故障。

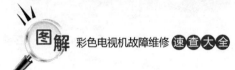

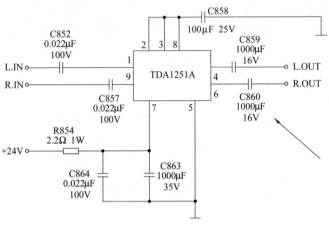

图 3-94　C860 相关电路图

（2）**图文解说**：检修时重点检测 R705。R705 相关电路如图 3-95 所示。

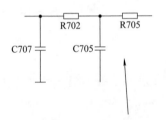

图 3-95　R705 相关电路图

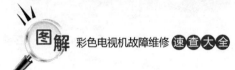**34.故障现象**：**HP-2998B 型彩电无信号输入时呈蓝屏，字符显示正常，有信号输入时伴音正常，但呈黑屏**

（1）**故障维修**：此类故障属 V705 不良，更换后即可排除故障。

（2）**图文解说**：检修时重点检测 V705 的 B 极电压（正常为 0.7V 左右）。V705 相关电路如图 3-96 所示。

132

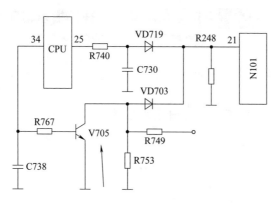

图 3-96　V705 相关电路图

35.故障现象：HP-2999 型彩电电源指示灯亮，无光栅、无伴音、无图像

（1）**故障维修**：此类故障属电容 C214 不良，更换后即可排除故障。

（2）**图文解说**：检修时重点检测 TDA8844 第⑨脚电压（正常为 6.5V）。C214 相关电路如图 3-97 所示。

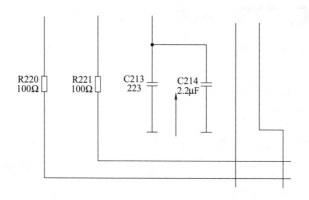

图 3-97　C214 相关电路图

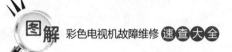

36.故障现象： HP-2999 型彩电开机指示灯不停闪动，机内有继合器不停的吸合声

（1）**故障维修：** 此类故障属 C406 不良，更换后即可排除故障。

（2）**图文解说：** 检修时重点检测 C406。C406 相关电路如图 3-98所示。

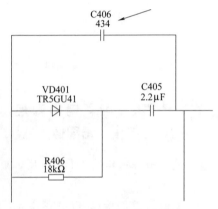

图 3-98　C406 相关电路图

37.故障现象： HP-2999 型彩电无图像、无伴音

（1）**故障维修：** 此类故障属电阻 R901 不良，更换后即可排除故障。

（2）**图文解说：** 检修时重点检测 R901。R901 相关电路如图 3-99所示。

38.故障现象： HP-3408 型彩电图像闪动

（1）**故障维修：** 此类故障属 N502 损坏，更换后即可排除故障。

（2）**图文解说：** 检修时重点检测 N502。N502 相关电路如图 3-100 所示。

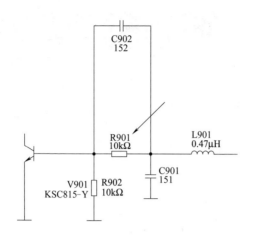

图 3-99　R901 相关电路图

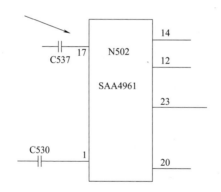

图 3-100　N502 相关电路图

39.故障现象：HS-2996 型彩电屏幕上方有一小部分图像压缩失真偏亮

（1）故障维修：此类故障属电阻 R643 不良，更换后即可排除故障。

（2）图文解说：检修时重点检测场供电电压（正常为 26V）。R643 相关电路如图 3-101 所示。

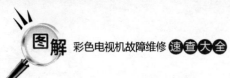

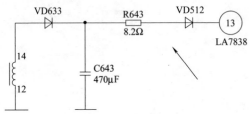

图 3-101　R643 相关电路图

第 **四** 章

TCL彩电

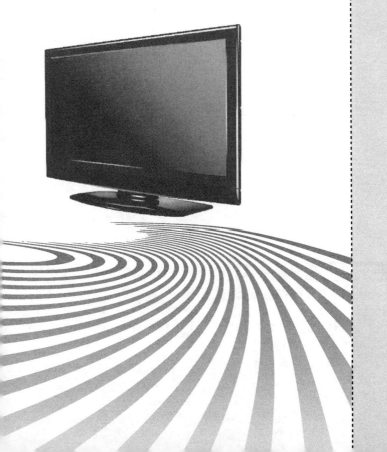

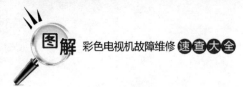
第一节 TCL-2938Z 型彩电

1.故障现象： 屏幕左边有多条黑竖条

（1）**故障维修：** 此类故障属 R421 开路，更换后即可排除故障。

（2）**图文解说：** 检修时重点检测 R421。R421 相关电路如图 4-1所示。

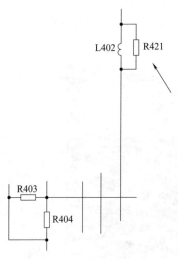

图 4-1 R421 相关电路图

2.故障现象： 交流关机时屏幕中心有三个圆形斑，但直流关机时无此现象

（1）**故障维修：** 此类故障属 C534 不良，将其由 $1000\mu F/16V$ 改为 $220\mu F/16V$ 即可排除故障。

（2）**图文解说：** 检修时重点检测 C534。C534 相关电路如图 4-2所示。

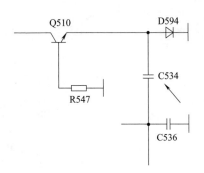

图 4-2　C534 相关电路图

3.故障现象：图像很暗且色彩很淡

（1）**故障维修**：此类故障属 D812 虚焊，补焊后即可排除故障。

（2）**图文解说**：检修时重点检测 Q901 的 C 极电压（正常为 +12V）。D812 相关电路如图 4-3 所示。

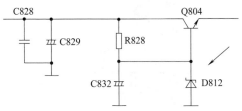

图 4-3　D812 相关电路图

4.故障现象：水平有亮线

（1）**故障维修**：此类故障属 D301 损坏，更换后即可排除故障。

（2）**图文解说**：检修时重点检测 TA8427K 第 63 脚电压（正常为 12V）。D301 相关电路如图 4-4 所示。

5.故障现象：开机 10min 后，不定时出现图像拉丝现象

（1）**故障维修**：此类故障属 T401 不良，更换后即可排除

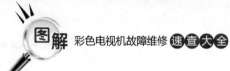

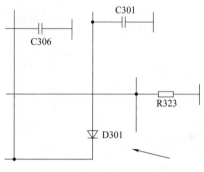

图 4-4　D301 相关电路图

故障。

（2）**图文解说**：检修时重点检测 T401。T401 相关电路如图 4-5所示。

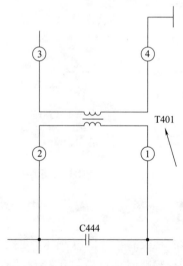

图 4-5　T401 相关电路图

6.故障维修：图像不正常

（1）**故障维修**：此类故障属 R499 虚焊，补焊后即可排除故障。

（2）**图文解说**：检修时重点检测 R499。R499 相关电路如图 4-6所示。

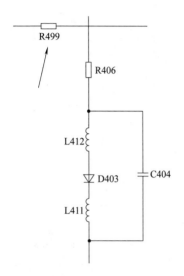

图 4-6　R499 相关电路图

7.故障现象：图像上部有一条白亮线

（1）**故障维修**：此类故障属 R306 不良，更换后即可排除故障。

（2）**图文解说**：检修时重点检测 R306。R306 相关电路如图 4-7所示。

8.故障现象：无图像无伴音

（1）**故障维修**：此类故障属 IC201 不良，更换后即可排除故障。

（2）**图文解说**：检修时重点检测 IC201。IC201 相关电路如图 4-8 所示。

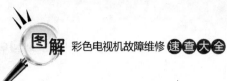

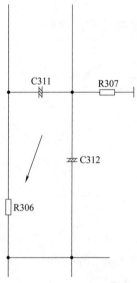

图 4-7 R306 相关电路图

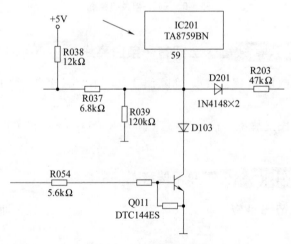

图 4-8 IC201 相关电路图

第二节 TCL-9525Z 型彩电

1.故障现象: 无光栅

（1）**故障维修:** 此类故障属 R914 开路，更换后即可排除故障。

（2）**图文解说:** 检修时重点检测 CPU 第⑫脚电压（正常为 5V）。R914 相关电路如图 4-9 所示。

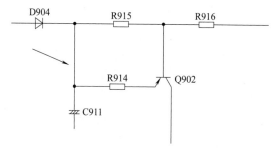

图 4-9　R914 相关电路图

2.故障现象: 屏幕上部有回扫线

（1）**故障维修:** 此类故障属 R411 不良，更换后即可排除故障。

（2）**图文解说:** 检修时重点检测 R411。R411 相关电路如图 4-10所示。

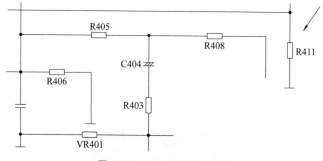

图 4-10　R411 相关电路图

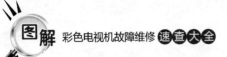

3.故障现象：小光栅

（1）**故障维修**：此类故障属 ZD902 不良，更换后即可排除故障。

（2）**图文解说**：检修时重点检测开关电源输出电压（正常为143V）。ZD902 相关电路如图 4-11 所示。

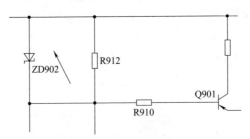

图 4-11　ZD902 相关电路图

4.故障现象：电场幅上部线性拉长，下部收缩约 10cm

（1）**故障维修**：此类故障属 C406 不良，更换后即可排除故障。

（2）**图文解说**：检修时重点检测 C406。C406 相关电路如图4-12所示。

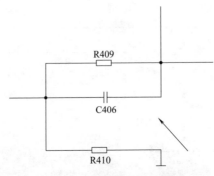

图 4-12　C406 相关电路图

5.故障现象：自动搜索搜不到台，AV 时有图像

（1）**故障维修**：此类故障属 Q805 不良，更换后即可排除故障。

（2）**图文解说**：检修时重点检测 Q805 的 C、B 极电压（正常分别为 6.84V、11.52V）。Q805 相关电路如图 4-13 所示。

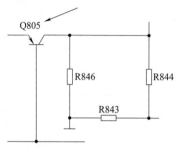

图 4-13　Q805 相关电路图

6.故障现象：L 频段收不到台

（1）**故障维修**：此类故障属 Q104 损坏，更换后即可排除故障。

（2）**图文解说**：检修时重点检测 Q104 的 B 极电压（正常为 0.6V）。Q104 相关电路如图 4-14 所示。

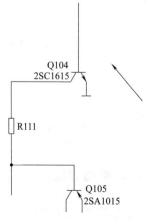

图 4-14　Q104 相关电路图

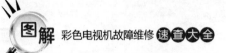

7.故障现象：指示灯亮，有伴音

（1）故障维修：此类故障属 C408 不良，更换后即可排除故障。

（2）图文解说：检修时重点检测 C408。C408 相关电路如图 4-15所示。

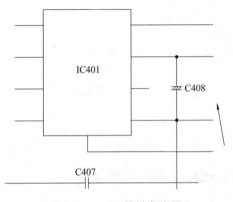

图 4-15　C408 相关电路图

第三节　TCL-9529Z 型彩电

1.故障现象：蓝屏，有字符，无图像，无伴音

（1）故障维修：此类故障属 VR103 不良，更换后即可排除故障。

（2）图文解说：检修时重点检测 VR103。VR103 相关电路如图 4-16 所示。

2.故障现象：屏幕右侧有时出现竖暗条，暗条忽宽忽窄

（1）故障维修：此类故障属 C416、C434 不良，更换后即可排除故障。

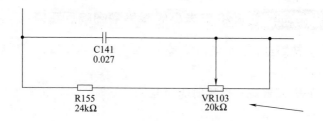

图 4-16　VR103 相关电路图

（2）**图文解说**：检修时重点检测 C416、C434。C416、C434
相关电路如图 4-17 所示。

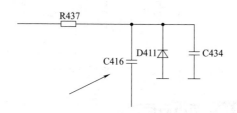

图 4-17　C416、C434 相关电路图

3.故障现象：光栅窄小

（1）**故障维修**：此类故障属 C141 不良，更换后即可排除
故障。

（2）**图文解说**：检修时重点检测＋143V 电压。C141 相关电路
如图 4-18 所示。

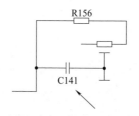

图 4-18　C141 相关电路图

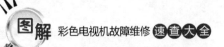

4.故障现象：开机前半小时噪声噼啪响后正常

（1）**故障维修**：此类故障属 T102 内部电容损坏，更换后即可排除故障。

（2）**图文解说**：检修时重点检测 T102。T102 相关电路如图 4-19所示。

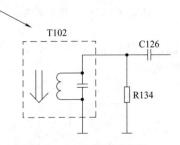

图 4-19　T102 相关电路图

5.故障现象：两小时后蓝屏

（1）**故障维修**：此类故障属 Q805 不良，更换后即可排除故障。

（2）**图文解说**：检修时重点检测 Q805。Q805 相关电路如图 4-20 所示。

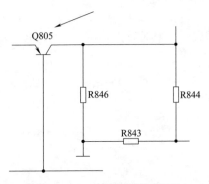

图 4-20　Q805 相关电路图

第四节　TCL-9621型彩电

1.故障现象：不能搜台

（1）**故障维修**：此类故障属 L203 不良，更换后即可排除故障。

（2）**图文解说**：检修时重点检测 L203。L203 相关电路如图 4-21所示。

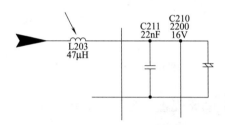

图 4-21　L203 相关电路图

2.故障现象：无光栅、无伴音、无图像

（1）**故障维修**：此类故障属 R506 不良，更换后即可排除故障。

（2）**图文解说**：检修时重点检测 R506 的电压（正常为 9.1V）。R506 相关电路如图 4-22 所示。

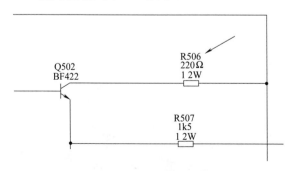

图 4-22　R506 相关电路图

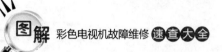

3.故障现象：连续烧毁电源开关管

（1）**故障维修**：此类故障属 R812 不良，更换后即可排除故障。

（2）**图文解说**：检修时重点检测 R812。R812 相关电路如图 4-23所示。

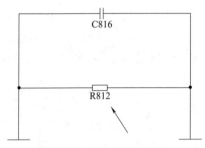

图 4-23　R812 相关电路图

4.故障现象：无光栅，有字符显示

（1）**故障维修**：此类故障属 D401 漏电，更换后即可排除故障。

（2）**图文解说**：检修时重点检测 U201 第㊳脚电压（正常为0.8V 左右）。D401 相关电路如图 4-24 所示。

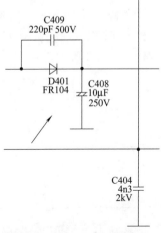

图 4-24　D401 相关电路图

5.故障现象：收不到节目

（1）**故障维修**：此类故障属 C212 不良，更换后即可排除故障。

（2）**图文解说**：检修时重点检测 C212。C212 相关电路如图 4-25所示。

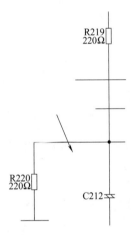

图 4-25 C212 相关电路图

第五节 TCL-HD29276 型彩电

1.故障现象：无图像

（1）**故障维修**：此类故障属 Q206 不良，更换后即可排除故障。

（2）**图文解说**：检修时重点检测 IC201 第⑰脚供电（正常为6V）。Q206 相关电路如图 4-26 所示。

2.故障现象：有黑条干扰

（1）**故障维修**：此类故障属 R331 开路，更换后即可排除

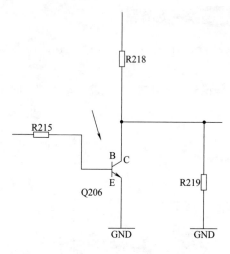

图 4-26　Q206 相关电路图

故障。

（2）**图文解说**：检修时重点检测 R331。R331 相关电路如图 4-27所示。

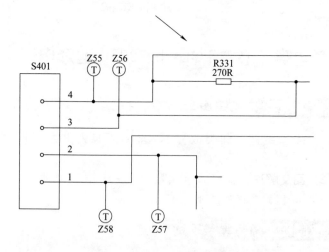

图 4-27　R331 相关电路图

3.故障现象：开机白屏回扫线

（1）**故障维修**：此类故障属电容 C865A 击穿，更换后即可排除故障。

（2）**图文解说**：检修时重点检测 C865A。C865A 相关电路如图 4-28 所示。

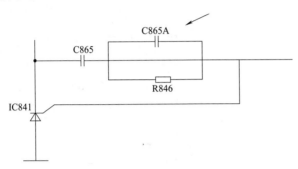

图 4-28 C865A 相关电路图

4.故障现象：瞬间烧行管

（1）**故障维修**：此类故障属 C406、IC301 不良，更换后即可排除故障。

（2）**图文解说**：检修时重点检测 C406。C406 相关电路如图 4-29所示。

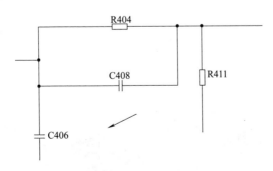

图 4-29 C406 相关电路图

5.故障现象：开机 5min 后跑台

（1）**故障维修**：此类故障属 IC845 不良，更换后即可排除故障。

（2）**图文解说**：检修时重点检测高频头的 5V 电压。IC845 相关电路如图 4-30 所示。

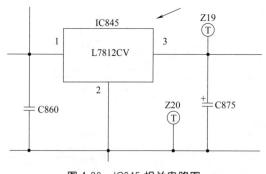

图 4-30　IC845 相关电路图

6.故障现象：机内异响

（1）**故障维修**：此类故障属 C416 不良，更换后即可排除故障。

（2）**图文解说**：检修时重点检测枕形校正管集电极电压（正常为 15V）。C416 相关电路如图 4-31 所示。

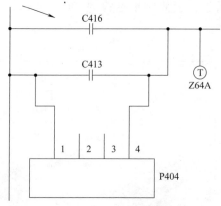

图 4-31　C416 相关电路图

第六节　TCL-HD29C41型彩电

1.故障现象：黑屏

（1）**故障维修**：此类故障属 Q502 不良，更换后即可排除故障。

（2）**图文解说**：检修时重点检测 Q502。Q502 相关电路如图 4-32 所示。

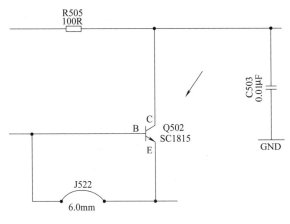

图 4-32　Q502 相关电路图

2.故障现象：亮度时低时高

（1）**故障维修**：此类故障属 R537 开路，更换后即可排除故障。

（2）**图文解说**：检修时重点检测 R537。R537 相关电路如图 4-33所示。

3.故障现象：有声音无图像

（1）**故障维修**：此类故障属 R526 开路，更换后即可排除故障。

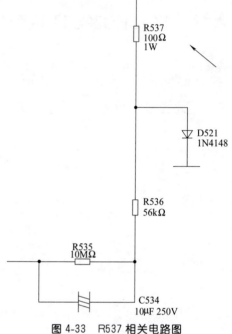

图 4-33　R537 相关电路图

（2）**图文解说**：检修时重点检测 R526。R526 相关电路如图 4-34所示。

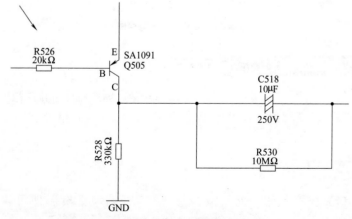

图 4-34　R526 相关电路图

4.故障现象：水平线干扰

（1）故障维修：此类故障属电容 C328 漏电，更换后即可排除故障。

（2）图文解说：检修时重点检测 C328。C328 相关电路如图4-35所示。

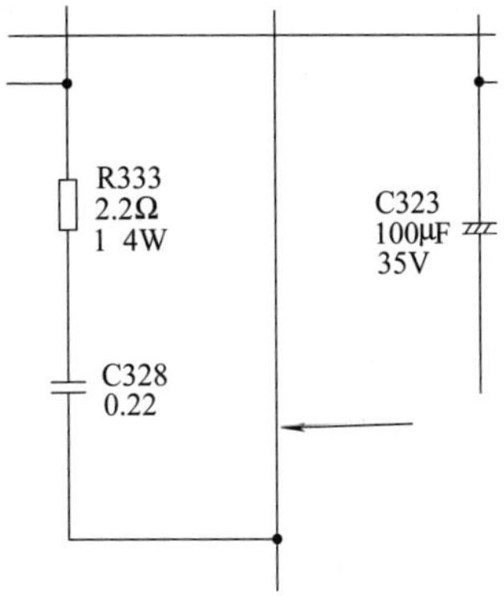

图 4-35　C328 相关电路图

5.故障现象：满屏绿色

（1）故障维修：此类故障属电容 C110 短路，更换后即可排除故障。

（2）图文解说：检修时重点检测 UD1 的基色输出脚(85)、(86)、(87)脚电压（正常分别为 1.07V、1.08V、1.07V）。C110 相关电路如图 4-36 所示。

6.故障现象：蓝屏不正常

（1）故障维修：此类故障属 R527、R558 不良，更换后即可排除故障。

（2）图文解说：检修时重点检测 R527、R558。R527 相关电路如图 4-37 所示。

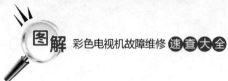

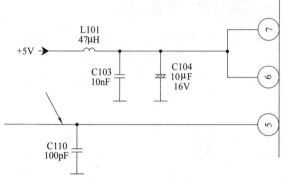

图 4-36　C110 相关电路图

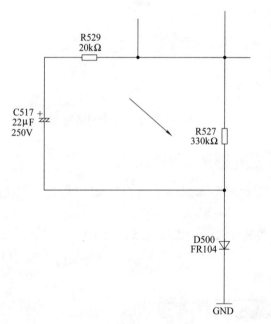

图 4-37　R527 相关电路图

:::::: **7.故障现象：** 无光栅、无伴音、无图像，灯不亮

（1）**故障维修：** 此类故障属 VR801 电位器阻值变大，更换后

即可排除故障。

（2）**图文解说**：检修时重点检测 VR801。VR801 相关电路如图 4-38 所示。

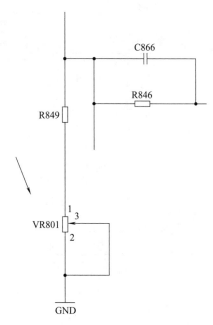

图 4-38　VR801 相关电路图

8.故障现象：图像、字符出现白条拉丝

（1）**故障维修**：此类故障属 IC502 不良，更换后即可排除故障。

（2）**图文解说**：检修时重点检测尾板的 R、G、B 输入电压（正常为 2.1V 左右）。IC502 相关电路如图 4-39 所示。

9.故障现象：灯闪不能开机

（1）**故障维修**：此类故障属滤波电容 CD222 不良，更换后即可排除故障。

（2）**图文解说**：检修时重点检测 UD10 第⑱脚电压（正常为

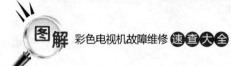

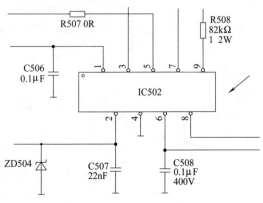

图 4-39 IC502 相关电路图

5V)。CD222 相关电路如图 4-40 所示。

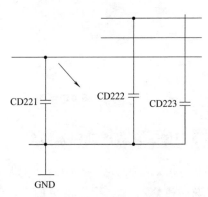

图 4-40 CD222 相关电路图

10.故障现象:行幅窄不可调,枕形校正失真

(1) **故障维修:**此类故障属 CD316 不良,更换后即可排除故障。

(2) **图文解说:**检修时重点检测 CD316。CD316 相关电路如图 4-41 所示。

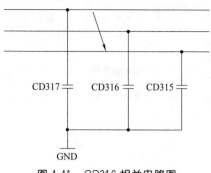

图 4-41　CD316 相关电路图

第七节　TCL-HD29C81S 型彩电

1.故障现象：图像颜色偏黄

（1）故障维修：此类故障属电阻 R514 开路，更换后即可排除故障。

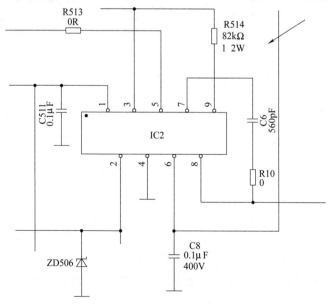

图 4-42　R514 相关电路图

（2）**图文解说**：检修时重点检测 R514。R514 相关电路如图 4-42所示。

2.故障现象：指示灯亮但不能开机

（1）**故障维修**：此类故障属 U6 程序存储器损坏，更换后即可排除故障。

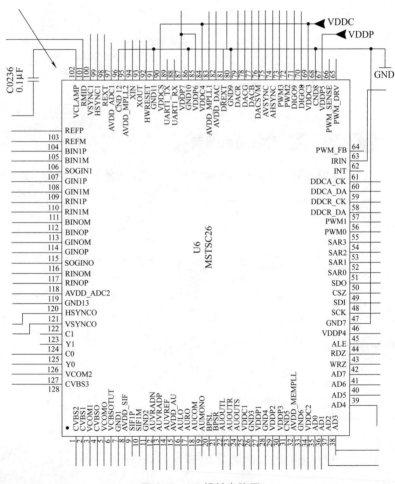

图 4-43　U6 相关电路图

（2）**图文解说**：检修时重点检测 U6。U6 相关电路如图 4-43 所示。当 U8 不良时也会出现类似故障。

3.故障现象：灯闪不能开机

（1）**故障维修**：此类故障属 T403 脱焊，补焊后即可排除故障。

（2）**图文解说**：检修时重点检测 T403。T403 相关电路如图 4-44所示。当电阻 RD147 损坏时也会出现类似故障。

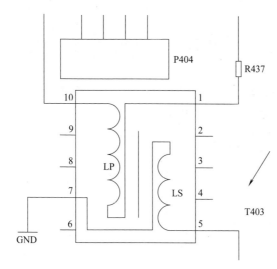

图 4-44　T403 相关电路图

4.故障现象：保护停机

（1）**故障维修**：此类故障属 CD217 短路，更换后即可排除故障。

（2）**图文解说**：检修时重点检测 OM8380 的第⑮脚电压（正常为 4V 左右）。CD217 相关电路如图 4-45 所示。

5.故障现象：下部不满，拉丝干扰后保护

（1）**故障维修**：此类故障属 D882 性能不良，更换后即可排除

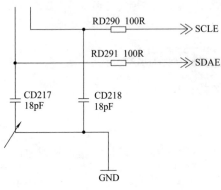

图 4-45　CD217 相关电路图

故障。

（2）**图文解说：** 检修时重点检测 P203 的第⑧脚的 5VA 电压。D882 相关电路如图 4-46 所示。

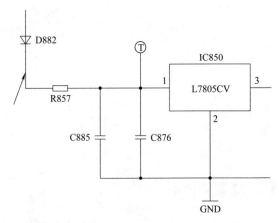

图 4-46　D882 相关电路图

6.故障现象：热机噪声

（1）**故障维修：** 此类故障属 CD131 不良，更换后即可排除故障。

（2）**图文解说**：检修时重点检测 CD131。CD131 相关电路如图 4-47 所示。

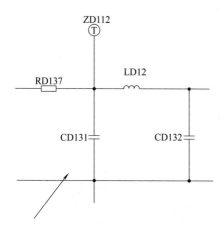

图 4-47　CD131 相关电路图

7.故障现象：亮度低，彩色不正常，厂标字符出现黑色拉丝

（1）**故障维修**：此类故障属 RD103 不良，将其短路后即可排除故障。

（2）**图文解说**：检修时重点检测 RD103。RD103 相关电路如图 4-48 所示。

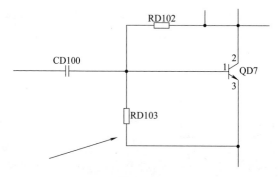

图 4-48　RD103 相关电路图

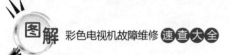

::::: **8.故障现象：图像偏红色**

（1）**故障维修：**此类故障属滤波电容 CD227 不良，更换后即可排除故障。

（2）**图文解说：**检修时重点检测 CD227。CD227 相关电路如图 4-49 所示。

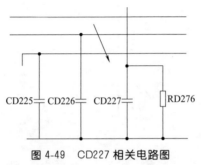

图 4-49　CD227 相关电路图

::::: **9.故障现象：开机黑屏**

（1）**故障维修：**此类故障属 CD301 漏电，更换后即可排除故障。

（2）**图文解说：**检修时重点检测 CD301。CD301 相关电路如图 4-50 所示。

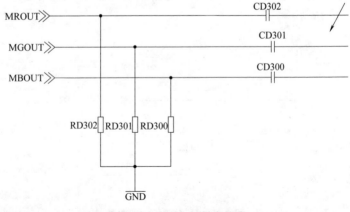

图 4-50　CD301 相关电路图

第八节　TCL-HID29128H 型彩电

1.故障现象：黑屏

（1）**故障维修：**此类故障属二极管 D18 漏电，更换后即可排除故障。

（2）**图文解说：**检修时重点检测 STV9211 的两路供电（正常为＋5V 和＋6.8V）。D18 相关电路如图 4-51 所示。

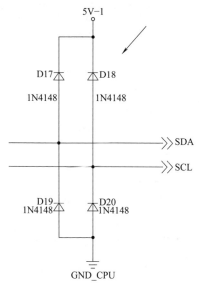

图 4-51　D18 相关电路图

2.故障现象：不能开机

（1）**故障维修：**此类故障属 U14 的第㉘脚和 U16 的第㊻脚之间开路，将过孔线连接好即可排除故障。

（2）**图文解说：**检修时重点检测 U14、U16。U14 相关电路如

图 4-52 所示。当 Q843 损坏时也会出现类似故障。

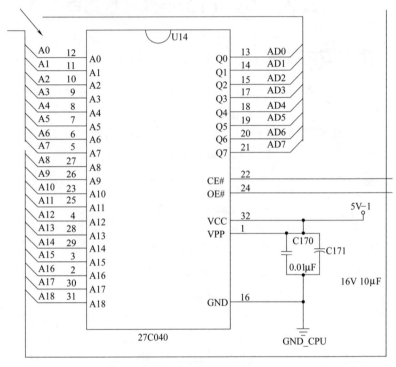

图 4-52 U14 相关电路图

⋮⋮⋮**3.故障现象：** 开机 10min 后亮度明显降低

（1）**故障维修：** 此类故障属三极管 Q407 不良，更换后即可排除故障。

（2）**图文解说：** 检修时重点检测 STV9211 第⑳脚电压（正常为 4.4V 左右）。Q407 相关电路如图 4-53 所示。

⋮⋮⋮**4.故障现象：** 不定时出现有声音无图像现象

（1）**故障维修：** 此类故障属 Q206 不良，更换后即可排除故障。

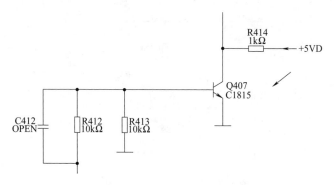

图 4-53　Q407 相关电路图

（2）**图文解说**：检修时重点检测 STV9211 供电（正常为 7V）。Q206 相关电路如图 4-54 所示。

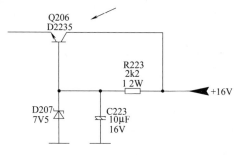

图 4-54　Q206 相关电路图

5.故障现象：不定时自动关机

（1）**故障维修**：此类故障属 R425、R426 不良，更换后即可排除故障。

（2）**图文解修**：检修时重点检测 R425、R426。R425、R426 相关电路如图 4-55 所示。

6.故障现象：满屏横道干扰

（1）**故障维修**：此类故障属电容 C44 虚焊，补焊后即可排除

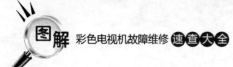

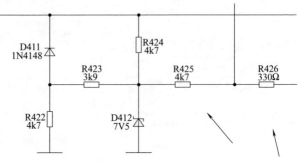

图 4-55　R425、R426 相关电路图

故障。

（2）**图文解说**：检修时重点检测 C44。C44 相关电路如图 4-56所示。

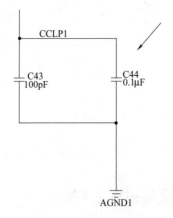

图 4-56　C44 相关电路图

:::: **7.故障现象：** **不定时无蓝色**

（1）**故障维修**：此类故障属 Q525 不良，更换后即可排除故障。

（2）**图文解说**：检修时重点检测 Q525。Q525 相关电路如图4-57 所示。

170

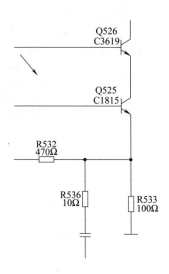

图 4-57　Q525 相关电路图

第九节　TCL-HID29286P 型彩电

1.故障现象：灯亮不能开机

（1）**故障维修**：此类故障属电容 C873 不良，更换后即可排除故障。

（2）**图文解说**：检修时重点检测 C873。C873 相关电路如图 4-58所示。

2.故障现象：图像拉丝

（1）**故障维修**：此类故障属电容 C25 损坏，更换后即可排除故障。

（2）**图文解说**：检修时重点检测 C25 端电压（正常为 2V 左右）。C25 相关电路如图 4-59 所示。

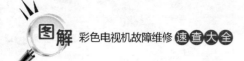

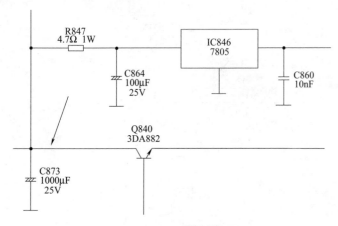

图 4-58　C873 相关电路图

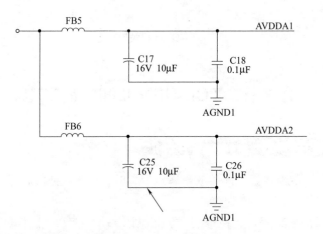

图 4-59　C25 相关电路图

:::: 3.故障现象：画面下部失真

（1）**故障维修**：此类故障属 R301 不良，更换后即可排除故障。

（2）**图文解说**：检修时重点检测 R301。R301 相关电路如图4-60所示。

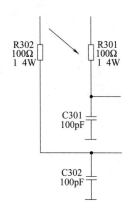

图 4-60　R301 相关电路图

4.故障现象：字符拖尾

（1）**故障维修：** 此类故障属 R925、R928、R931 不良，将其由 100Ω 改为 68Ω 即可排除故障。

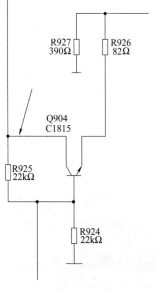

图 4-61　R925 相关电路图

(2) **图文解说：**检修时重点检测 R925。R925 相关电路如图 4-61所示。

5.故障现象：图像行幅大，中下部有数十条细回扫线，上部偶有回扫线

(1) **故障维修：**此类故障属 C308、R306、C426 不良，更换后即可排除故障。

(2) **图文解说：**检修时重点检测 C308、R306、C426。C308 相关电路如图 4-62 所示。

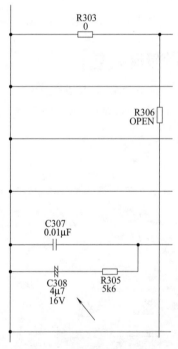

图 4-62　C308 相关电路图

6.故障现象：不存台

(1) **故障维修：**此类故障属电阻 R013 开路，更换后即可排除

故障。

（2）**图文解说**：检修时重点检测 R013。R013 相关电路如图 4-63所示。

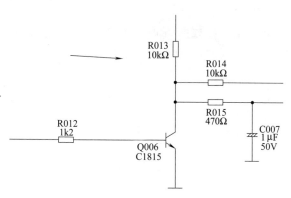

图 4-63　R013 相关电路图

第十节　TCL-HID299S．P 型彩电

1.故障现象： 蓝屏，无字符

（1）**故障维修**：此类故障属 D414 击穿，更换后即可排除故障。

（2）**图文解说**：检修时重点检测 CPU 第㉖脚电压（正常为 4V 左右）。D414 相关电路如图 4-64 所示。

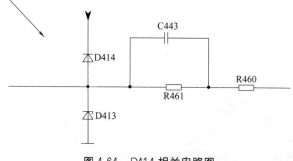

图 4-64　D414 相关电路图

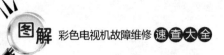

::::: **2.故障现象:** 可开机但行无输出

(1) **故障维修:** 此类故障属滤波电容 C1004 漏电,更换后即可排除故障。

(2) **图文解说:** 检修时重点检测 TDA9332 第⑦脚供电电压(正常为 5V 左右)。C1004 相关电路如图 4-65 所示。

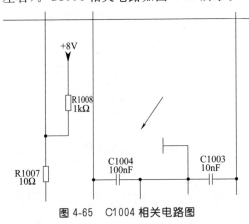

图 4-65　C1004 相关电路图

::::: **3.故障现象:** 不定时蓝屏,无图像

(1) **故障维修:** 此类故障属 Q1204 性能不良,用 A1015 更换后即可排除故障。

(2) **图文解说:** 检修时重点检测 Q1204。Q1204 相关电路如图 4-66 所示。

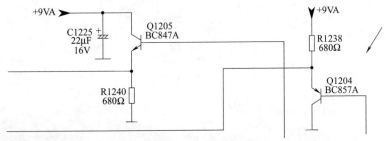

图 4-66　Q1204 相关电路图

4.故障现象：待机指示灯呈红色，开机后电源指示灯转为蓝色，屏幕无光

（1）**故障维修**：此类故障属二极管 D802 不良，更换后即可排除故障。

（2）**图文解说**：检修时重点检测 IC801 的第⑦脚电压（正常为 17V）。D802 相关电路如图 4-67 所示。

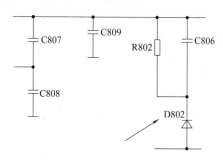

图 4-67　D802 相关电路图

5.故障现象：图像缺红色

（1）**故障维修**：此类故障属 Q1009 虚焊，补焊后即可排除故障。

（2）**图文解说**：检修时重点检测 Q1009。Q1009 相关电路如图 4-68 所示。

6.故障现象：光栅字符显示正常，无图像

（1）**故障维修**：此类故障属 IC101 损坏，更换后即可排除故障。

（2）**图文解说**：检修时重点检测 IC101。IC101 相关电路如图 4-69 所示。

7.故障现象：开机一段时间后有声音无图像

（1）**故障维修**：此类故障属 IC105 损坏，更换后即可排除故障。

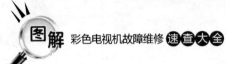

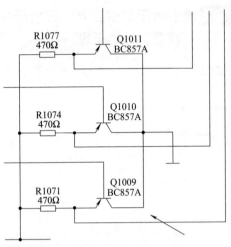

图 4-68　Q1009 相关电路图

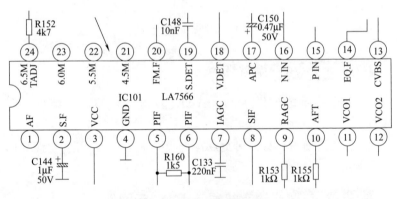

图 4-69　IC101 相关电路图

（2）**图文解说：**检修时重点检测 IC105 的 8V 三端稳压管。IC105 相关电路如图 4-70 所示。

8.故障现象：TV/AV 无图

（1）**故障维修：**此类故障属 IC104 脱焊，重新补焊后即可排除故障。

178

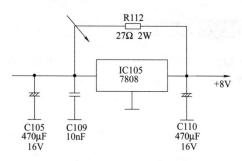

图 4-70　IC105 相关电路图

（2）**图文解说**：检修时重点检测 Q205 的 E 极电压（正常为 3.2V）。IC104 相关电路如图 4-71 所示。

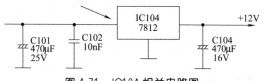

图 4-71　IC104 相关电路图

9.故障现象：伴音有噪声，音极轻并且时有时无

（1）**故障维修**：此类故障属电容 C1126 漏电，更换后即可排除故障。

（2）**图文解说**：检修时重点检测 C1126。C1126 相关电路如图 4-72 所示。

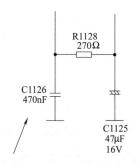

图 4-72　C1126 相关电路图

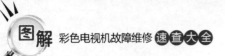

10.故障现象：无彩色

（1）**故障维修：** 此类故障属 Z202 不良，更换后即可排除故障。

（2）**图文解说：** 检修时重点检测 Z202。Z202 相关电路如图 4-73所示。

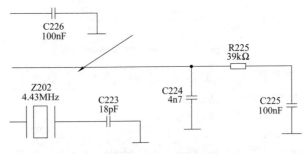

图 4-73　Z202 相关电路图

11.故障现象：不能开机

（1）**故障维修：** 此类故障属 R094 变值，更换后即可排除故障。

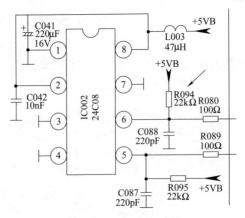

图 4-74　R094 相关电路图

（2）**图文解说：** 检修时重点检测 R094。R094 相关电路如图

4-74所示。当 L001 不良时也会出现类似故障。

第十一节　TCL-NT21M63S 型彩电

▓1.故障现象：自动开关机

（1）**故障维修**：此类故障属 Q202 不良，更换后即可排除故障。

（2）**图文解说**：检修时重点检测开关变压器第⑨脚＋B 电压（正常为 125V）。Q202 相关电路如图 4-75 所示。

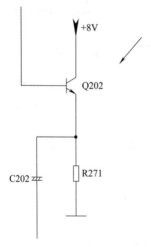

+8V

Q202

C202

R271

图 4-75　Q202 相关电路图

▓2.故障现象：不能开机

（1）**故障维修**：此类故障属 Q822 不良，更换后即可排除故障。

（2）**图文解说**：检修时重点检测 Q822。Q822 相关电路如图 4-76 所示。当 Q824 不良时也会出现类似故障。

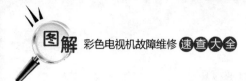

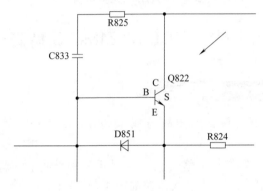

图 4-76 Q822 相关电路图

:::::3.故障现象：灯闪但不能开机

（1）**故障维修**：此类故障属 IC851 的第③脚到 IC802 的第②脚之间的铜箔有裂纹，用线连接好即可排除故障。

（2）**图文解说**：检修时重点检测 IC851、IC802。IC802 相关电路如图 4-77 所示。

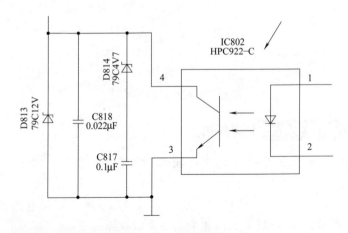

图 4-77 IC802 相关电路图

4.故障现象：无伴音有图像

（1）**故障维修：**此类故障属 R106 不良，更换后即可排除故障。

（2）**图文解说：**检修时重点检测 R106。R106 相关电路如图 4-78所示。

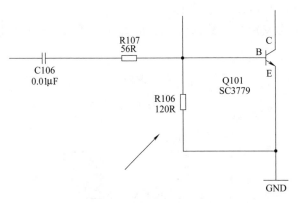

图 4-78　R106 相关电路图

5.故障现象：按键错乱，自动关机

（1）**故障维修：**此类故障属 D206 损坏，更换后即可排除故障。

（2）**图文解说：**检修时重点检测 IC201 的第⑥脚电压（正常为 2.4V 左右）。D206 相关电路如图 4-79 所示。

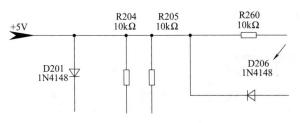

图 4-79　D206 相关电路图

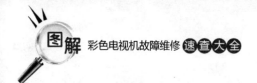

第十二节　TCL-NT25C06 型彩电

1.故障现象：指示灯微红不能开机

（1）故障维修：此类故障属 Q403 的 B 极对地电阻 R422A 漏插，补上元件后即可排除故障。

（2）图文解说：检修时重点检测 R422。Q403 相关电路如图 4-80 所示。

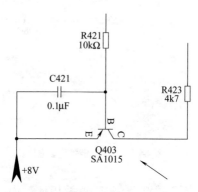

图 4-80　Q403 相关电路图

2.故障现象：看一会儿后无图像

（1）故障维修：此类故障属 Q202 不良，更换后即可排除故障。

（2）图文解说：检修时重点检测 Q202。Q202 相关电路如图 4-81 所示。

3.故障现象：开机有时正常有时不正常

（1）故障维修：此类故障属 C013 漏电，更换后即可排除故障。

（2）图文解说：检修时重点检测复位电压（正常为 5V）。

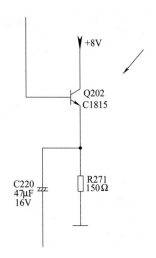

图 4-81　Q202 相关电路图

C013 相关电路如图 4-82 所示。

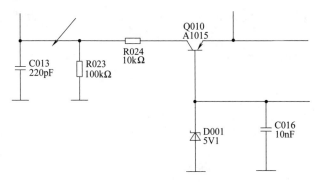

图 4-82　C013 相关电路图

4.故障现象：自动开关机

（1）故障维修：此类故障属 Q820、Q821 不良，更换后即可排除故障。

（2）图文解说：检修时重点检测 Q821 发射极输出电压（正常为 7.5V）。Q820 相关电路如图 4-83 所示。

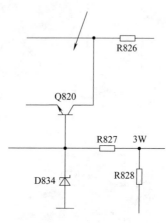

图 4-83　Q820 相关电路图

5.故障现象：黑屏

（1）**故障维修**：此类故障属 C502 失效，更换后即可排除故障。

（2）**图文解说**：检修时重点检测 C502。C502 相关电路如图 4-84所示。

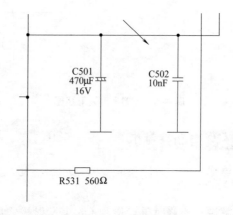

图 4-84　C502 相关电路图

6.故障现象：无伴音

（1）故障维修：此类故障属 C603 短路，更换后即可排除故障。

（2）图文解说：检修时重点检测 C603。C603 相关电路如图 4-85所示。

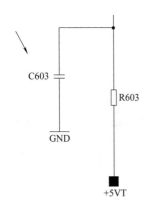

图 4-85　C603 相关电路图

7.故障现象：冷机不能开机

（1）故障维修：此类故障属 D857 不良，更换后即可排除故障。

（2）图文解说：检修时重点检测 D857。D857 相关电路如图 4-86所示。

第十三节　TCL-NT29C41 型彩电

1.故障现象：AV 无图像

（1）故障维修：此类故障属 R967 不良，更换后即可排除故障。

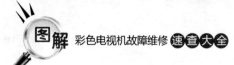

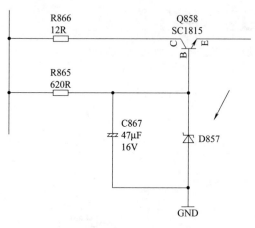

图 4-86　D857 相关电路图

（2）**图文解说**：检修时重点检测 R967。R967 相关电路如图 4-87所示。

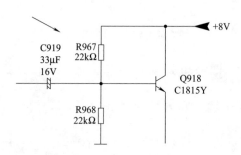

图 4-87　R967 相关电路图

2.故障现象：不能开机

（1）**故障维修**：此类故障属 Q845 不良，更换后即可排除故障。

（2）**图文解说**：检修时重点检测＋B 输出电压（正常为 135V）。Q845 相关电路如图 4-88 所示。

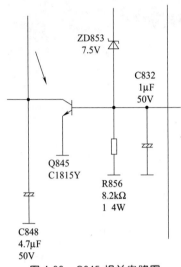

图 4-88　Q845 相关电路图

3.故障现象：热机行幅忽大忽小

（1）**故障维修**：此类故障属 D804 不良，更换后即可排除故障。

（2）**图文解说**：检修时重点检测 D804 负端整流处电压（正常为 55V）。D804 相关电路如图 4-89 所示。

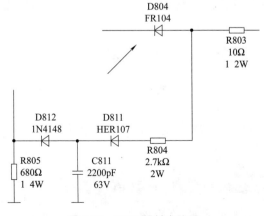

图 4-89　D804 相关电路图

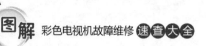
4.故障现象：自动关机

（1）**故障维修**：此类故障属 D402 漏电，更换后即可排除故障。

（2）**图文解说**：检修时重点检测 D402。D402 相关电路如图 4-90所示。

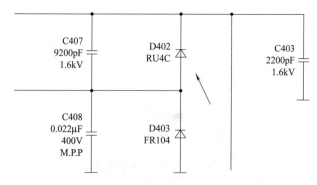

C407
9200pF
1.6kV

D402
RU4C

C403
2200pF
1.6kV

C408
0.022μF
400V
M.P.P

D403
FR104

图 4-90　D402 相关电路图

5.故障现象：无图像、无伴音黑屏有字符

（1）**故障维修**：此类故障属 L203、Q206 不良，更换后即可排除故障。

（2）**图文解说**：检修时重点检测 L203、Q206。L203、Q206 相关电路如图 4-91 所示。

6.故障现象：图像扭曲、不清楚

（1）**故障维修**：此类故障属 Z201 不良，更换后即可排除故障。

（2）**图文解说**：检修时重点检测 Z201。Z201 相关电路如图 4-92所示。

7.故障现象：有图像，无伴音

（1）**故障维修**：此类故障属 C603 不良，更换后即可排除

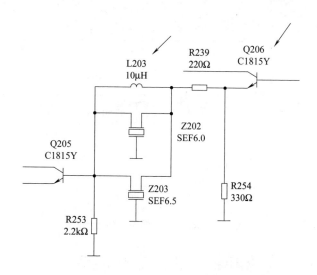

图 4-91　L203、Q206 相关电路图

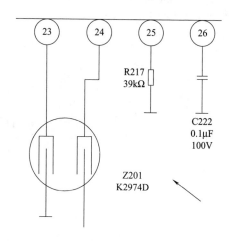

图 4-92　Z201 相关电路图

故障。

（2）**图文解说：**检修时重点检测 IC601 第⑦脚电压（正常为12V）。C603 相关电路如图 4-93 所示。

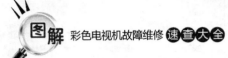

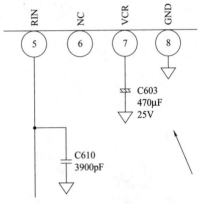

图 4-93　C603 相关电路图

8.故障现象：图像四角随亮度变化晃动

（1）**故障维修**：此类故障属 C810 损坏，更换后即可排除故障。

（2）**图文解说**：检修时重点检测 C810。C810 相关电路如图
4-94所示。

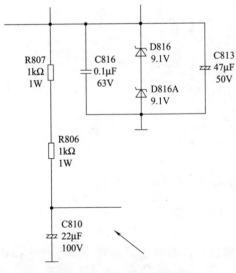

图 4-94　C810 相关电路图

9.故障现象：开机启动慢，5min后机器才能正常工作

（1）**故障维修**：此类故障属 D813 不良，更换后即可排除故障。

（2）**图文解说**：检修时重点检测 D813。D813 相关电路如图 4-95所示。

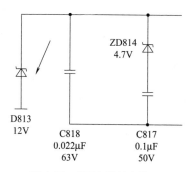

ZD814
4.7V

D813
12V

C818
0.022μF
63V

C817
0.1μF
50V

图 4-95　D813 相关电路图

第十四节　TCL-NT29M95 型彩电

1.故障现象：不定时不能开机

（1）**故障维修**：此类故障属 IC801 不良，更换后即可排除故障。

（2）**图文解说**：检修时重点检测 IC801。IC801 相关电路如图 4-96 所示。

2.故障现象：烧电源开关管

（1）**故障维修**：此类故障属 D803 不良，更换后即可排除故障。

（2）**图文解说**：检修时重点检测 D803。D803 相关电路如图 4-97所示。

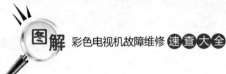
彩色电视机故障维修 速查大全

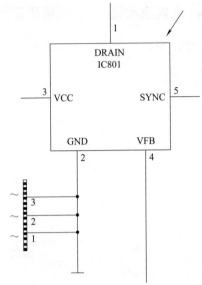

图 4-96　IC801 相关电路图

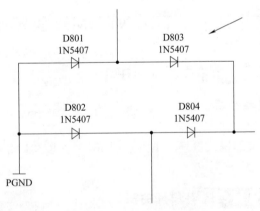

图 4-97　D803 相关电路图

3.故障现象：灯闪不能开机

（1）**故障维修：** 此类故障属 D402、R401 不良，更换后即可排

194

除故障。

（2）**图文解说**：检修时重点检测 D402、R401。R401 相关电路如图 4-98 所示。

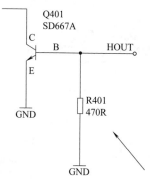

图 4-98　R401 相关电路图

`4.故障现象：` **自动开关机**

（1）**故障维修**：此类故障属 D853 不良，更换后即可排除故障。

（2）**图文解说**：检修时重点检测 D853。D853 相关电路如图 4-99 所示。

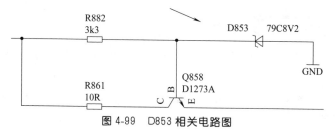

图 4-99　D853 相关电路图

第十五节　TCL-PDP42U2 型彩电

`1.故障现象：` **黑屏**

（1）**故障维修**：此类故障属 D401、D404 不良，更换后即可排除故障。

(2) **图文解说**：检修时重点检测 D401、D404。D401 相关电路如图 4-100 所示。当 ZD503 漏电时也会出现类似故障。

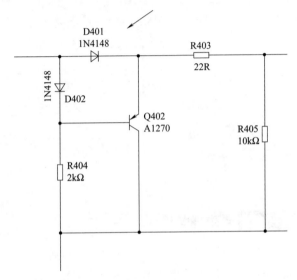

图 4-100　D401 相关电路图

2.故障现象： **无光栅**

(1) **故障维修**：此类故障属 C706 漏电，更换后即可排除故障。

(2) **图文解说**：检修时重点检测 C706。C706 相关电路如图 4-101所示。当 T401 不良时也会出现类似故障。

3.故障现象： **黑屏有伴音**

(1) **故障维修**：此类故障属 Q403 不良，更换后即可排除故障。

(2) **图文解说**：检修时重点检测 Q403。Q403 相关电路如图 4-102 所示。

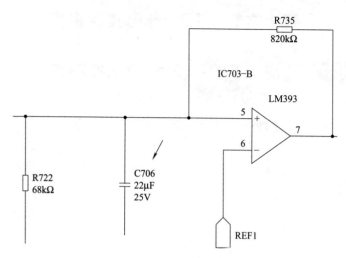

图 4-101　C706 相关电路图

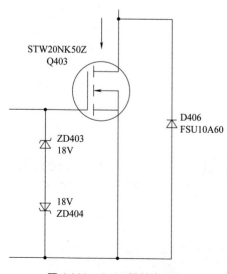

图 4-102　Q403 相关电路图

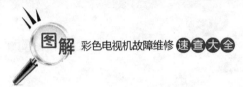

第十六节　TCL彩电其他机型

1.故障现象：AT25U159型彩电遥控关机后再手动关机有异响

（1）**故障维修**：此类故障属D606不良，更换后即可排除故障。

（2）**图文解说**：检修时重点检测D606。D606相关电路如图4-103所示。

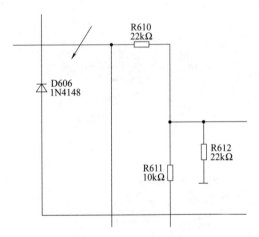

图4-103　D606相关电路图

2.故障现象：HD28V18P型彩电无光栅、无伴音、无图像，灯不亮，不能开机

（1）**故障维修**：此类故障属L403不良，更换后即可排除故障。

（2）**图文解说**：检修时重点检测L403。L403相关电路如图4-104所示。当R914断路时也会出现类似故障。

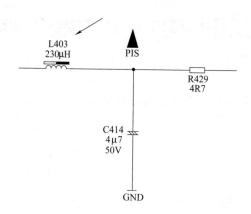

图 4-104 L403 相关电路图

3.故障现象：HD28V18P 型彩电有回扫线

（1）**故障维修**：此类故障属 IC501 不良，更换后即可排除故障。

（2）**图文解说**：检修时重点检测 IC501。IC501 相关电路如图 4-105 所示。

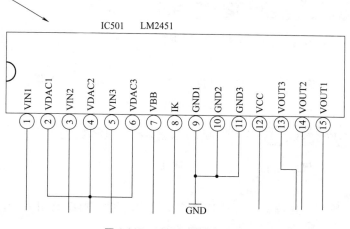

图 4-105 IC501 相关电路图

∷∷ 4.故障现象：HD29B06 型彩电开机启动后马上变为待机

（1）故障维修：此类故障属 D305 漏电，更换后即可排除故障。

（2）图文解说：检修时重点检测 D305。D305 相关电路如图 4-106所示。

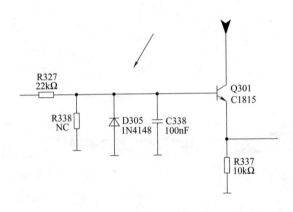

图 4-106　D305 相关电路图

∷∷ 5.故障现象：HD29C06 型彩电黑屏

（1）故障维修：此类故障属 R108 与 TDA12063 相连一端的过孔开路，用软细线连接后即可排除故障。

（2）图文解说：检修时重点检测 MST5C16 的第⑥⑦脚电压（正常为 0.06V）。R108 相关电路如图 4-107 所示。

∷∷ 6.故障现象：HD29M73 型彩电图像偏绿色

（1）故障维修：此类故障属 RD538 不良，更换后即可排除故障。

（2）图文解说：检修时重点检测 RD538。RD538 相关电路如图 4-108 所示。

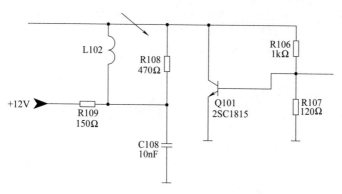

图 4-107　R108 相关电路图

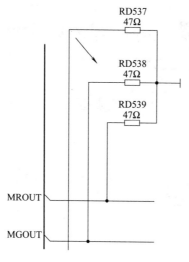

图 4-108　RD538 相关电路图

7.故障现象：HD32M62S 型彩电不定时自动关机

（1）故障维修：此类故障属 R860 虚焊，补焊后即可排除故障。

（2）图文解说：检修时重点检测电源 5V 电压。R860 相关电路如图 4-109 所示。

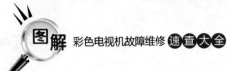

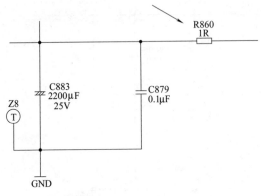

图 4-109 R860 相关电路图

8.故障现象： HD32M62S 型彩电无光栅、无伴音、无图像

（1）**故障维修：** 此类故障属电感 L403 损坏，更换后即可排除故障。

（2）**图文解说：** 检修时重点检测 L403。L403 相关电路如图4-110所示。

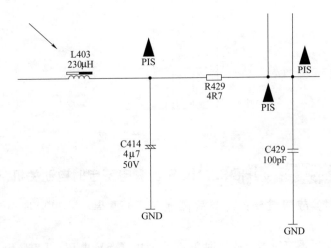

图 4-110 L403 相关电路图

9.故障现象：HD32M62S 型彩电自动开关机

（1）**故障维修**：此类故障属 D829 性能不良，更换后即可排除故障。

（2）**图文解说**：检修时重点检测开机 5V 电压。D829 相关电路如图 4-111 所示。

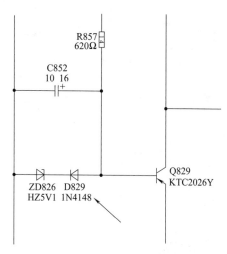

图 4-111　D829 相关电路图

10.故障现象：HID34181P 型彩电开机烧行管

（1）**故障维修**：此类故障属 C304 不良，更换后即可排除故障。

（2）**图文解说**：检修时重点检测 C304。C304 相关电路如图 4-112所示。

11.故障现象：HID34181P 型彩电左侧有阻尼条

（1）**故障维修**：此类故障属 C406 失效，更换后即可排除故障。

（2）**图文解说**：检修时重点检测 C406。C406 相关电路如图

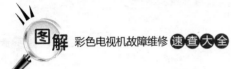

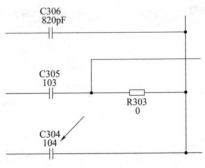

图 4-112　C304 相关电路图

4-113所示。

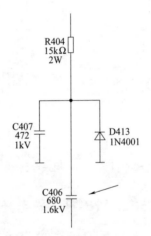

图 4-113　C406 相关电路图

12.故障现象：HID34286HB 型彩电开机一段时间行场幅闪动

（1）故障维修：此类故障属 Q844、C8550 不良，更换后即可排除故障。

（2）图文解说：检修时重点检测 Q844、C8550。Q844 相关电路如图 4-114 所示。

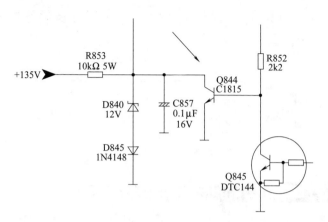

图 4-114　Q844 相关电路图

13.故障现象：HID34286HB 型彩电屡烧行管

（1）**故障维修**：此类故障属 Q402 不良，更换后即可排除故障。

（2）**图文解说**：检修时重点检测 Q402。Q402 相关电路如图 4-115 所示。

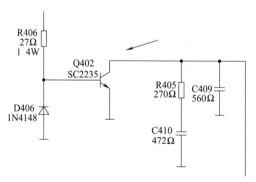

图 4-115　Q402 相关电路图

14.故障现象：HID34286HB 型彩电自动关机

（1）**故障维修**：此类故障属 IC846 不良，更换后即可排除故障。

（2）**图文解说**：检修时重点检测 IC846。IC846 相关电路如图 4-116 所示。

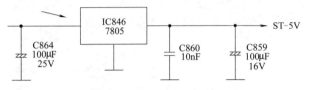

图 4-116 IC846 相关电路图

15.故障现象：HID34286P 型彩电图像暗淡

（1）**故障维修**：此类故障属 Q981 不良，更换后即可排除故障。

（2）**图文解说**：检修时重点检测 Q981。Q981 相关电路如图 4-117 所示。

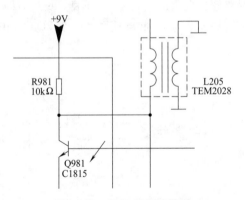

图 4-117 Q981 相关电路图

16.故障现象：PDP4226 型彩电灯亮不能开机

（1）**故障维修**：此类故障属 Q16、Q17 损坏，更换后即可排除故障。

（2）**图文解说**：检修时重点检测 Q16、Q17。Q16 相关电路如图 4-118 所示。

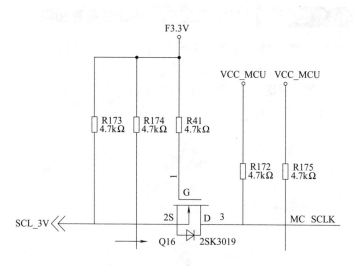

图 4-118 Q16 相关电路图

17.故障现象: PDP4226 型彩电跑台

（1）故障维修: 此类故障属 IC003 不良，更换后即可排除故障。

（2）图文解说: 检修时重点检测 IC003。IC003 相关电路如图4-119 所示。

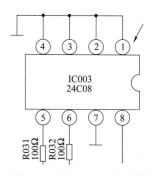

图 4-119 IC003 相关电路图

18.故障现象：PDP4226 型彩电无伴音有图像

（1）故障维修：此类故障属 IC801 不良，更换后即可排除故障。

（2）图文解说：检修时重点检测＋12V 电压输出。IC801 相关电路如图 4-120 所示。

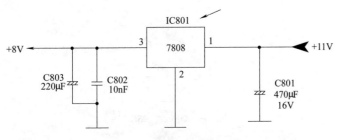

图 4-120　IC801 相关电路图

19.故障现象：TCL-9421 型彩电无光栅、无伴音、无图像，红灯亮

（1）故障维修：此类故障属 R920 不良，更换后即可排除故障。

（2）图文解说：检修时重点检测 R920。R920 相关电路如图 4-121所示。

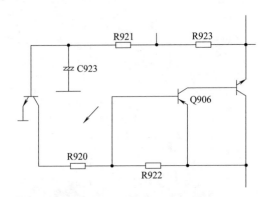

图 4-121　R920 相关电路图

20.故障现象：TCL-9421 型彩电图像偏并伴有撕裂状

（1）**故障维修**：此类故障属 C418 不良，更换后即可排除故障。

（2）**图文解说**：检修时重点检测 C418。C418 相关电路如图 4-122所示。

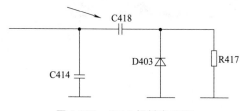

图 4-122　C418 相关电路图

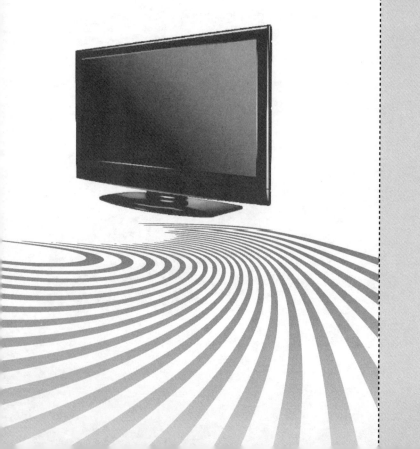

第五章

第 **五** 章

创维彩电

第一节　创维 24D16HN 型彩电

:::: **1.故障现象：** 无伴音

（1）**故障维修：** 此类故障属 R411 不良，将 R411 去掉即可排除故障。

（2）**图文解说：** 检修时重点检测 R411。R411 相关电路如图 5-1所示。

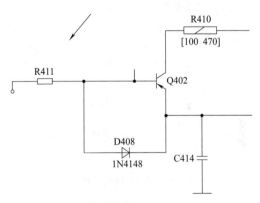

图 5-1　R411 相关电路图

:::: **2.故障现象：** 有垂直亮线

（1）**故障维修：** 此类故障属 C321 虚焊，补焊后即可排除故障。

（2）**图文解说：** 检修时重点检测 C321。C321 相关电路如图 5-2所示。

:::: **3.故障现象：** 不定时自动关机

（1）**故障维修：** 此类故障属 D614 不良，将其断开即可排除故障。

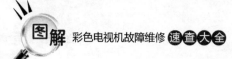

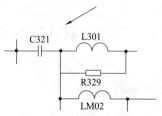

图 5-2　C321 相关电路图

（2）**图文解说**：检修时重点检测 D614。D614 相关电路如图 5-3所示。

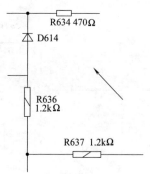

图 5-3　D614 相关电路图

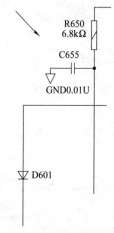

图 5-4　C655 相关电路图

4.故障现象： **换台"嘟嘟"响**

（1）**故障维修：** 此类故障属 C655 不良，将其改为 $100V/183\mu F$ 即可排除故障。

（2）**图文解说：** 检修时重点检测 C655。C655 相关电路如图 5-4所示。

第二节　创维 25ND9000 型彩电

1.故障现象： **不时呈蓝屏**

（1）**故障维修：** 此类故障属 L204 不良，将其更换外接 22pF 瓷片电容并微调磁芯至最佳效果即可排除故障。

（2）**图文解说：** 检修时重点检测 L204。L204 相关电路如图 5-5所示。

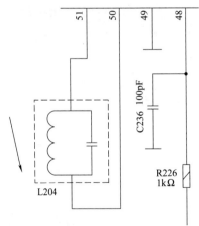

图 5-5　L204 相关电路图

2.故障现象： **热机后无字符**

（1）**故障维修：** 此类故障属 Q004 不良，更换后即可排除故障。

（2）**图文解说**：检修时重点检测 Q004。Q004 相关电路如图 5-6 所示。

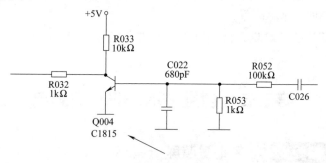

图 5-6　Q004 相关电路图

3.故障现象：红色指示灯亮，按面板待机键及遥控器开机键均不能开机

（1）**故障维修**：此类故障属 C001 不良，更换后即可排除故障。

（2）**图文解说**：检修时重点检测 C001。C001 相关电路如图 5-7所示。

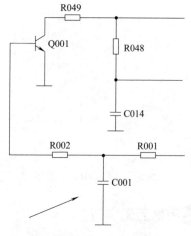

图 5-7　C001 相关电路图

4.故障现象：无字符

（1）**故障维修**：此类故障属 R060 未装，将 R060 位置上的跳线弃之不用，同时将 C337 瓷片电容取下，用 $0.1\mu F/63V$ 涤纶电容装于 R060 位置上即可排除故障。

（2）**图文解说**：检修时重点检测 IC301 第⑦脚电压（正常为 2V）。C337 相关电路如图 5-8 所示。

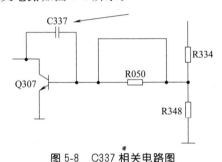

图 5-8　C337 相关电路图

5.故障现象：自动选台时，节目号不递增

（1）**故障维修**：此类故障属 IC201 不良，更换后即可排除故障。

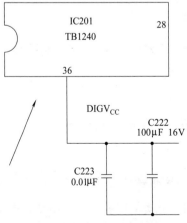

图 5-9　IC201 相关电路图

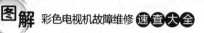

（2）**图文解说：**检修时重点检测 IC201 第①脚电压（正常为 2.4V）。IC201 相关电路如图 5-9 所示。

:::::6.故障现象： 有信号时字符显示半透明黑背景

（1）**故障维修：**此类故障属 D010 开路，更换后即可排除故障。

（2）**图文解说：**检修时重点检测 D010。D010 相关电路如图 5-10 所示。

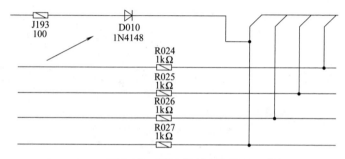

图 5-10 D010 相关电路图

第三节 创维 25TM9000 型彩电

:::::1.故障现象： 无光栅、无伴音、无图像

（1）**故障维修：**此类故障属滤波电容 C622 不良，更换后即可排除故障。

（2）**图文解说：**检修时重点检测 C622。C622 相关电路如图 5-11 所示。

:::::2.故障现象： 屏保图案过亮，无层次感，对比度差

（1）**故障维修：**此类故障属 IC201 不良，更换后即排除故障。

（2）**图文解说：**检修时重点检测 IC201 第㊱脚电压（正常为

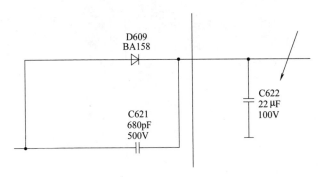

图 5-11　C622 相关电路图

4.7V)。IC201 相关电路如图 5-12 所示。

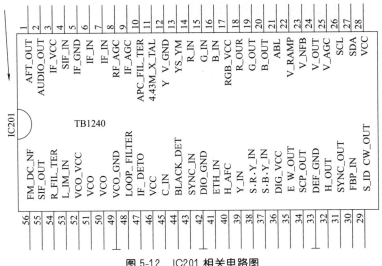

图 5-12　IC201 相关电路图

3.故障现象：红灯亮，无光栅、无伴音

（1）**故障维修**：此类故障属 Q608 不良，更换后即可排除故障。

（2）**图文解说**：检修时重点检测 Q608。Q608 相关电路如图 5-13 所示。

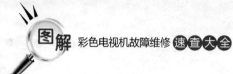

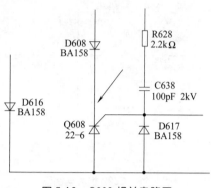

图 5-13　Q608 相关电路图

4.故障现象：有图像无伴音

（1）故障维修：此类故障属 C607 不良，更换后即可排除故障。

（2）图文解说：检修时重点检测 C607。C607 相关电路如图 5-14 所示。

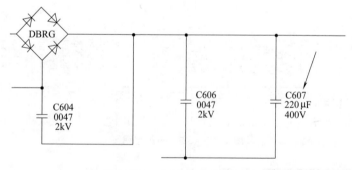

图 5-14　C607 相关电路图

5.故障现象：自动关机

（1）故障维修：此类故障属 C004 不良，更换后即可排除故障。

（2）**图文解说：** 检修时重点检测 CPU 第⑤脚复位电压（正常为 5V）。C004 相关电路如图 5-15 所示。

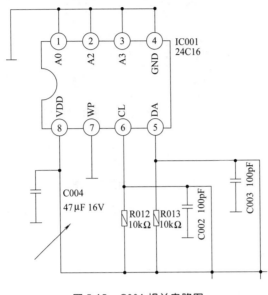

图 5-15　C004 相关电路图

第四节　创维 29D9AHT 型彩电

1.故障现象： **收看 20min 左右自动停机**

（1）**故障维修：** 此类故障属 D912 不良，更换后即可排除故障。

（2）**图文解说：** 检修时重点检测 D912。D912 相关电路如图 5-16所示。

2.故障现象： **花屏**

（1）**故障维修：** 此类故障属 R947 不良，更换后即可排除故障。

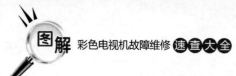

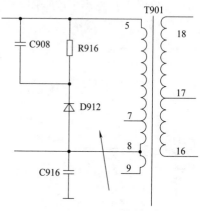

图 5-16　D912 相关电路图

（2）**图文解说：** 检修时重点检测 R947。R947 相关电路如图 5-17所示。

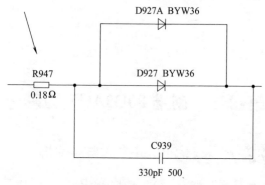

图 5-17　R947 相关电路图

3.故障现象：不能开机

（1）**故障维修：** 此类故障属 D627B 不良，用 BA158 代换即可排除故障。

（2）**图文解说：** 检修时重点检测 D627。D627 相关电路如图 5-18所示。

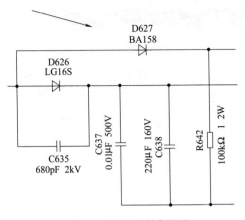

图 5-18　D627 相关电路图

4.故障现象：冷机开机无声

（1）**故障维修**：此类故障属 C940 不良，更换后即可排除故障。

（2）**图文解说**：检修时重点检测 C940。C940 相关电路如图
5-19所示。

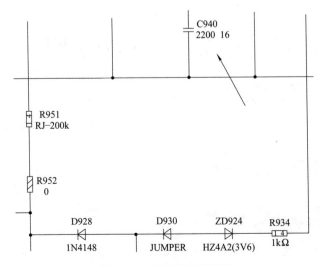

图 5-19　C940 相关电路图

5.故障现象：黑线干扰有时烧坏场块

（1）**故障维修**：此类故障属 R331 不良，加大 R311 阻值
（0.68/2W 至 4.7/2W）即可排除故障。

（2）**图文解说**：检修时重点检测 R331。R331 相关电路如图
5-20所示。

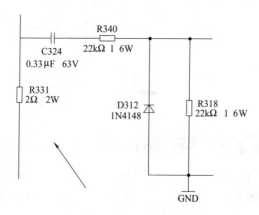

图 5-20　R331 相关电路图

第五节　创维 29T61HD 型彩电

1.故障现象：图像失真

（1）**故障维修**：此类故障属 C401 漏电，更换后即可排除
故障。

（2）**图文解说**：检修时重点检测 C401。C401 相关电路如图
5-21所示。

2.故障现象：开机困难

（1）**故障维修**：此类故障属电容 C808 变值，更换后即可排除
故障。

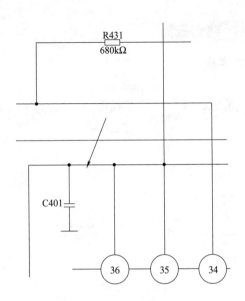

图 5-21　C401 相关电路图

（2）**图文解说**：检修时重点检测 C808 两端电压（正常为 23.46V）。C808 相关电路如图 5-22 所示。当 R802、R803 不良时也会出现类似故障。

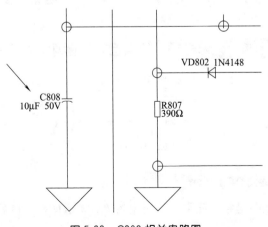

图 5-22　C808 相关电路图

3.故障现象：烧行管

（1）**故障维修：**此类故障属 R815 不良，更换后即可排除故障。

（2）**图文解说：**检修时重点检测 R815。R815 相关电路如图 5-23所示。

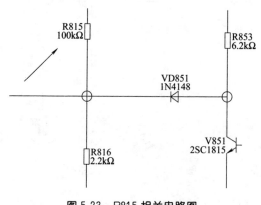

图 5-23　R815 相关电路图

第六节　创维 29T63AA 型彩电

1.故障现象： 无光栅、无伴音、无图像，指示灯不亮

（1）**故障维修：**此类故障属 C803 不良，更换后即可排除故障。

（2）**图文解说：**检修时重点检测 C803。C803 相关电路如图 5-24所示。当 IC001 不良时也会出现类似故障。

2.故障现象： 机器有异响

（1）**故障维修：**此类故障属电容 C933 不良，更换后即可排除故障。

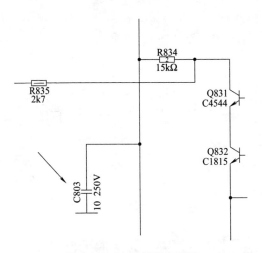

图 5-24　C803 相关电路图

（2）**图文解说**：检修时重点检测 C933。C933 相关电路如图 5-25所示。

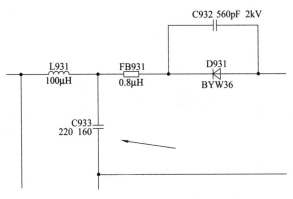

图 5-25　C933 相关电路图

3.故障现象：射频无图像，AV 正常

（1）**故障维修**：此类故障属 Z201 不良，更换后即可排除故障。

225

（2）**图文解说**：检修时重点检测高频头供电脚电压（正常为4.85V）。Z201 相关电路如图 5-26 所示。

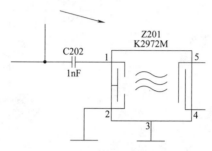

图 5-26 Z201 相关电路图

4.故障现象：指示灯亮但无图像无伴音

（1）**故障维修**：此类故障属 R037 虚焊，补焊后即可排除故障。

（2）**图文解说**：检修时重点检测 R037。R037 相关电路如图5-27所示。

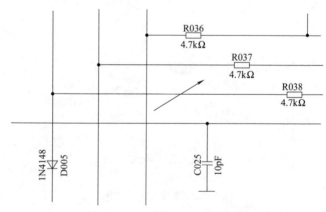

图 5-27 R037 相关电路图

5.故障现象：无字符，光暗

（1）**故障维修**：此类故障属电容 C017 短路，更换后即可排除故障。

（2）**图文解说：**检修时重点检测交流电压（正常为 2.5V 和 7V）。C017 相关电路如图 5-28 所示。

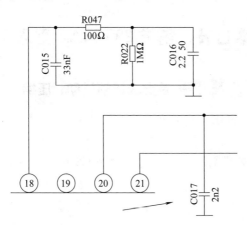

图 5-28　C017 相关电路图

6.故障现象： **开机 TV 正常，但不到半小时出现噪声，AV 则正常**

（1）**故障维修：**此类故障属 Q302 热稳定性不良，更换后即可

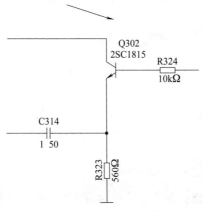

图 5-29　Q302 相关电路图

227

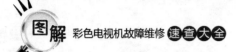

排除故障。

（2）图文解说：检修时重点检测 Q302。Q302 相关电路如图 5-29 所示。

第七节　创维 29T66AA 型彩电

1.故障现象： 热机后出现场幅抖动，压缩

（1）故障维修：此类故障属电容 C210 不良，更换后即可排除故障。

（2）图文解说：检修时重点检测 C210。C210 相关电路如图 5-30所示。

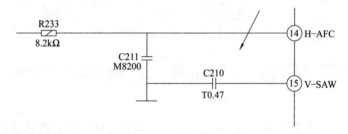

图 5-30　C210 相关电路图

2.故障现象： 搜索有台，台号不变

（1）故障维修：此类故障属 R117 开路，更换后即可排除故障。

（2）图文解说：检修时重点检测 8829 第⑥2脚行同步信号输入端电压（正常为 4.3V）。R117 相关电路如图 5-31 所示。

3.故障现象： 蓝屏

（1）故障维修：此类故障属电容 C113 不良，更换后即可排除故障。

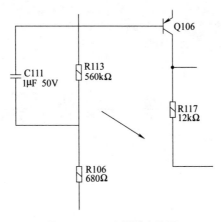

图 5-31　R117 相关电路图

（2）**图文解说**：检修时重点检测 C113。C113 相关电路如图 5-32所示。

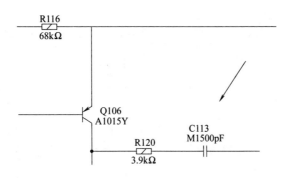

图 5-32　C113 相关电路图

:::: 4.故障现象：自动关机

（1）**故障维修**：此类故障属 R615 开路，更换后即可排除故障。

（2）**图文解说**：检修时重点检测 R615。R615 相关电路如图 5-33所示。

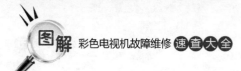

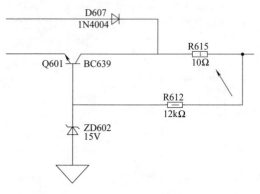

图 5-33　R615 相关电路图

5.故障现象：黑屏

（1）**故障维修**：此类故障属 D302 不良，更换后即可排除故障。

（2）**图文解说**：检修时重点检测 D302。D302 相关电路如图5-34所示。

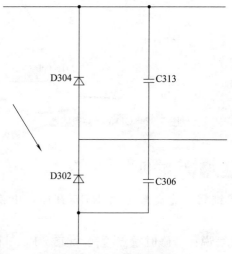

图 5-34　D302 相关电路图

6.故障现象：不能开机

（1）**故障维修**：此类故障属 R627 损坏，更换后即可排除故障。

（2）**图文解说**：检修时重点检测 R627。R627 相关电路如图 5-35所示。当 R615 阻值增大时也会出现类似故障。

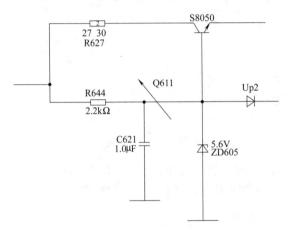

图 5-35　R627 相关电路图

第八节　创维 29T68HT 型彩电

1.故障现象：热机后偶尔缺蓝色

（1）**故障维修**：此类故障属电容 C137 漏电，更换后即可排除故障。

（2）**图文解说**：检修时重点检测 C137。C137 相关电路如图 5-36所示。

2.故障现象：无光栅、无伴音、无图像

（1）**故障维修**：此类故障属 R909 变值，更换后即可排除故障。

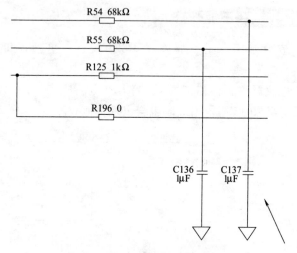

图 5-36　C137 相关电路图

（2）**图文解说**：检修时重点检测 R909。R909 相关电路如图 5-37所示。当 R961 不良时也会出现类似故障。

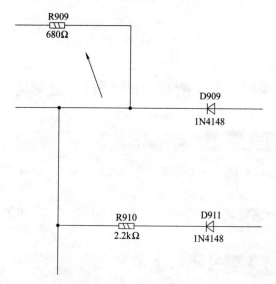

图 5-37　R909 相关电路图

3.故障现象:开机图像声音正常,十几分钟后发出刺耳的尖叫声

(1) **故障维修:**此类故障属 L702 损坏,更换后即可排除故障。

(2) **图文解说:**检修时重点检测 L702。L702 相关电路如图5-38所示。

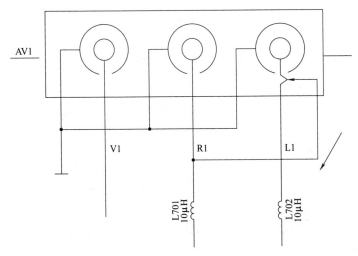

图 5-38 L702 相关电路图

4.故障现象:不定时烧行管

(1) **故障维修:**此类故障属电容 C701 不良,更换后即可排除故障。

(2) **图文解说:**检修时重点检测 C701。C701 相关电路如图5-39所示。

5.故障现象:光栅呈云雾状

(1) **故障维修:**此类故障属 R725 不良,更换后即可排除

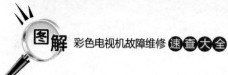

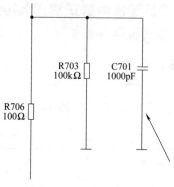

图 5-39 C701 相关电路图

故障。

（2）图文解说：检修时重点检测场正负供电（正常为 15V）。R725 相关电路如图 5-40 所示。

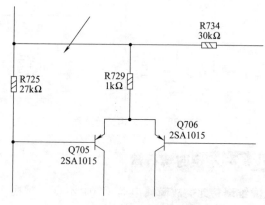

图 5-40 R725 相关电路图

6.故障现象：场幅小，线性差

（1）故障维修：此类故障属 C206、C213 不良，更换后即可排除故障。

（2）图文解说：检修时重点检测 C206、C213。C206、C213

相关电路如图 5-41 所示。

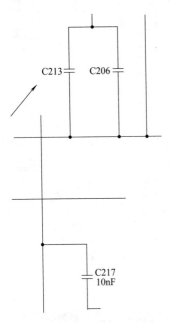

图 5-41　C206、C213 相关电路图

7.故障现象：不定时自动关机

（1）**故障维修**：此类故障属电容 C713 漏电，更换后即可排除故障。

（2）**图文解说**：检修时重点检测 C713。C713 相关电路如图 5-42所示。

8.故障现象：自动关机后不能开机，蓝灯闪烁

（1）**故障维修**：此类故障属电容 C942 不良，更换后即可排除故障。

（2）**图文解说**：检修时重点检测 C942。C942 相关电路如图 5-43所示。

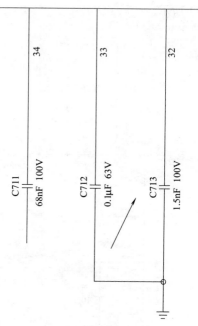

图 5-42　C713 相关电路图

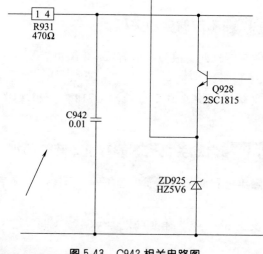

图 5-43　C942 相关电路图

9.故障现象：热机后图像左右收缩，然后自动关机，指示灯亮，无图像、无伴音

（1）**故障维修**：此类故障属电容 C202 性能不良，更换后即可排除故障。

（2）**图文解说**：检修时重点检测行频（正常为 28kHz）。C202相关电路如图 5-44 所示。

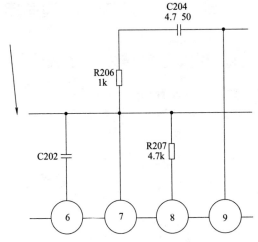

图 5-44　C202 相关电路图

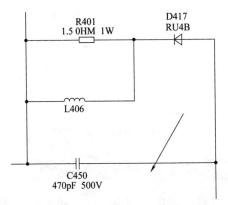

图 5-45　C450 相关电路图

10.故障现象：换台时有杂音

（1）**故障维修**：此类故障属 C450 不良，将其由原来的 $22\mu F$ 改为 $10\mu F$ 或 $4.7\mu F$ 即可排除故障。

（2）**图文解说**：检修时重点检测 C450。C450 相关电路如图 5-45所示。

第九节　创维 34T68HT 型彩电

1.故障现象：无光栅、无伴音、无图像

（1）**故障维修**：此类故障属 L508 开路，更换后即可排除故障。

（2）**图文解说**：检修时重点检测尾板供电（正常为 12V）。L508 相关电路如图 5-46 所示。当 V862、V861 不良时也会出现类似故障。

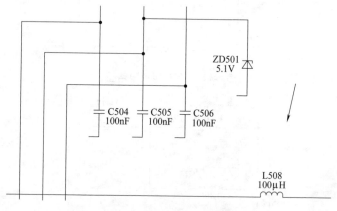

图 5-46　L508 相关电路图

2.故障现象：行幅大，枕形校正失真

（1）**故障维修**：此类故障属 L705 不良，更换后即可排除

故障。

（2）**图文解说**：检修时重点检测 L705。L705 相关电路如图 5-47所示。

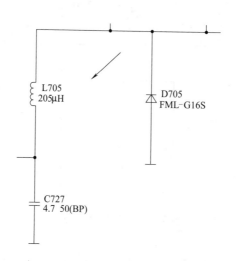

图 5-47　L705 相关电路图

3.故障现象：图像上有红色重影

（1）**故障维修**：此类故障属电感 L504 不良，更换后即可排除故障。

（2）**图文解说**：检修时重点检测 LM1246 的 R、G、B 输出电压（正常为 2V）。L504 相关电路如图 5-48 所示。

4.故障现象：关机后屏幕上有彩斑

（1）**故障维修**：此类故障属电容 C929 虚焊，补焊后即可排除故障。

（2）**图文解说**：检修时重点检测 C929。C929 相关电路如图 5-49所示。

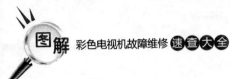

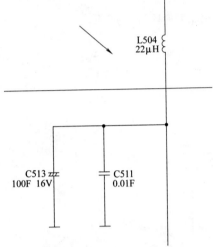

图 5-48 L504 相关电路图

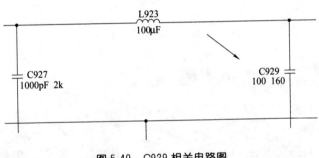

图 5-49 C929 相关电路图

第十节 创维彩电其他机型

1.故障现象： **25T16HN 型彩电不能开机或场下部卷边**

（1）**故障维修：** 此类故障属 R618 不良，将其改为 2W 即可排除故障。

（2）图文解说：检修时重点检测 R618。R618 相关电路如图
5-50所示。

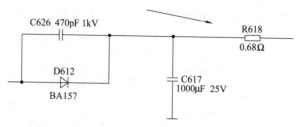

图 5-50　R618 相关电路图

2.故障现象：25T16HN 型彩电有时无伴音

（1）故障维修：此类故障属 R026、R027、R025、J016 不良，
将它们改为跳线即可排除故障。

（2）图文解说：检修时重点检测 R026、R027、R025、J016。
R026、R027 相关电路如图 5-51 所示。

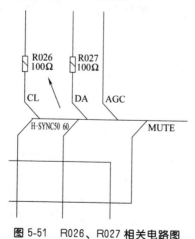

图 5-51　R026、R027 相关电路图

3.故障现象：25T98HT 型彩电黑屏或不能开机

（1）故障维修：此类故障属 CN509、CN510、CN512 不良，

更换后即可排除故障。

（2）**图文解说**：检修时重点检测 CN509、CN510、CN512。CN509、CN510、CN512 相关电路如图 5-52 所示。

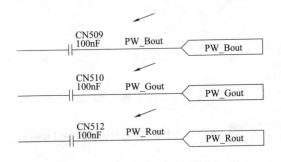

图 5-52　CN509、CN510、CN512 相关电路图

4.故障现象：25T98HT 型彩电开机保护

（1）**故障维修**：此类故障属 C312 不良，更换后即可排除故障。

（2）**图文解说**：检修时重点检测 C312。C312 相关电路如图 5-53所示。

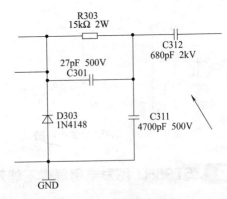

图 5-53　C312 相关电路图

5.故障现象： **25TH9000 型彩电开机有轻微枕形校正失真的蓝屏，且有蓝横线条满幅干扰，行部分发出类似烧行管的高频啸叫，约 30s 后成水平亮线，然后水平亮线很亮后自动关机，关电源开关几分钟后重复故障**

（1）故障维修：此类故障属电容 C318 不良，更换后即可排除故障。

（2）图文解说：检修时重点检测解码第㉜脚行输出电压（正常为 2V）。C318 相关电路如图 5-54 所示。

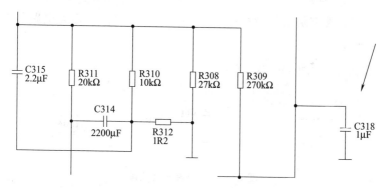

图 5-54 C318 相关电路图

6.故障现象： **29SL9000 型彩电图像水平中心偏位**

（1）故障维修：此类故障属电容 C310 开路，更换后即可排除故障。

（2）图文解说：检修时重点检测 C310。C310 相关电路如图 5-55所示。

7.故障现象： **29T16HN 型彩电不能开机或图像从上往下卷**

（1）故障维修：此类故障属 R618 变值，将 R618 改为 2W 的

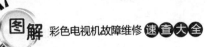

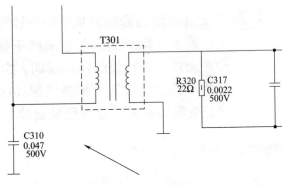

图 5-55　C310 相关电路图

即可排除故障。

　　（2）**图文解说**：检修时重点检测 R618。R618 相关电路如图 5-56所示。

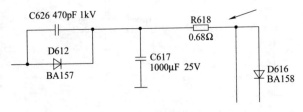

图 5-56　R618 相关电路图

:::::::**8.故障现象：** 29T16HN 型彩电场幅缩小

　　（1）**故障维修**：此类故障属 C301 不良，更换后即可排除故障。

　　（2）**图文解说**：检修时重点检测 C301。C301 相关电路如图 5-57所示。

:::::::**9.故障现象：** 29T61AA 型彩电无光栅、无伴音、无图像

　　（1）**故障维修**：此类故障属 R615 开路，更换后即可排除故障。

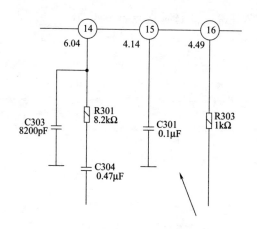

图 5-57　C301 相关电路图

（2）**图文解说**：检修时重点检测 R615。R615 相关电路如图 5-58所示。

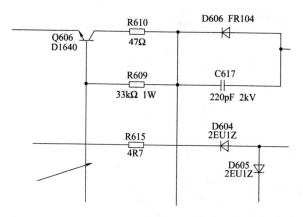

图 5-58　R615 相关电路图

:::: 10.故障现象：**29T84HT** 型彩电冷机开机后自动关机

（1）**故障维修**：此类故障属电容 C918 漏电，更换后即可排除故障。

（2）**图文解说**：检修时重点检测 C918。C918 相关电路如图
5-59所示。

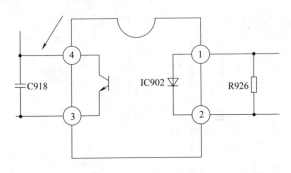

图 5-59　C918 相关电路图

11.故障现象：29T95HT 型彩电无光栅、无伴音、无图像，指示灯不亮

（1）**故障维修**：此类故障属 D612 不良，更换后即可排除
故障。

（2）**图文解说**：检修时重点检测 D612。D612 相关电路如图
5-60所示。

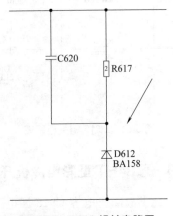

图 5-60　D612 相关电路图

12.故障现象：29TM9000 型彩电无光栅、无伴音、无图像，指示灯不亮

（1）**故障维修：** 此类故障属 R613、Q601 不良，更换后即可排除故障。

（2）**图文解说：** 检修时重点检测 R613、Q601。Q601 相关电路如图 5-61 所示。当 2S19882P 不良时也会出现类似故障。

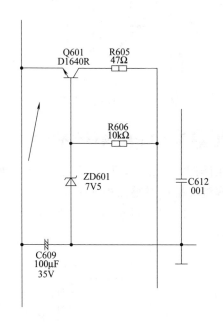

图 5-61　Q601 相关电路图

13.故障现象：32T88HS 型彩电有杂音

（1）**故障维修：** 此类故障属 Q604 不良，将其由 C1815 更换成 2482 即可排除故障。

（2）**图文解说：** 检修时重点检测 Q604。Q604 相关电路如图 5-62 所示。

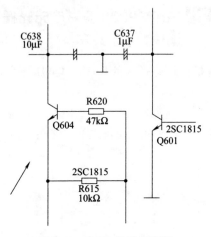

图 5-62　Q604 相关电路图

14.故障现象：36T88HT 型彩电不能开机

（1）**故障维修**：此类故障属 T402 不良，更换后即可排除故障。

（2）**图文解说**：检修时重点检测 IC401 第③脚电压（正常为 0.47V）。T402 相关电路如图 5-63 所示。当 Q416 不良时也会出现类似故障。

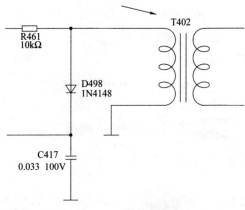

图 5-63　T402 相关电路图

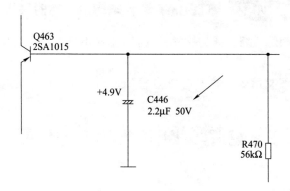

图 5-64 C446 相关电路图

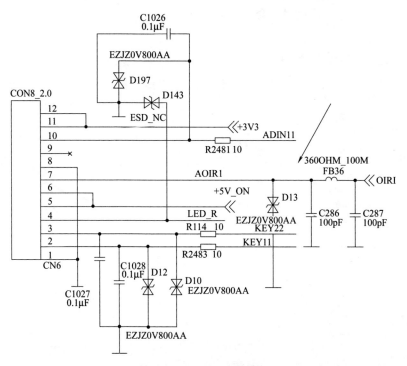

图 5-65 D13 相关电路图

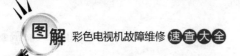

15.故障现象: **36T88HT 型彩电黑屏,有时开机正常**

(1) **故障维修:** 此类故障属电容 C446 不良,更换后即可排除故障。

(2) **图文解说:** 检修时重点检测 C446。C446 相关电路如图 5-64所示。

16.故障现象: **47L02RF 型彩电遥控失灵**

(1) **故障维修:** 此类故障属二极管 D13 损坏。更换 D13 后故障即可排除。

(2) **图文解说:** 检修时重点检测 CON8⑦脚 (IR 遥控信号输入脚) 电压值 (正常应为 0.3V 左右)。D13 相关电路如图 5-65 所示。当 C286 漏电时也会出现类似故障。

第 六 章

康佳彩电

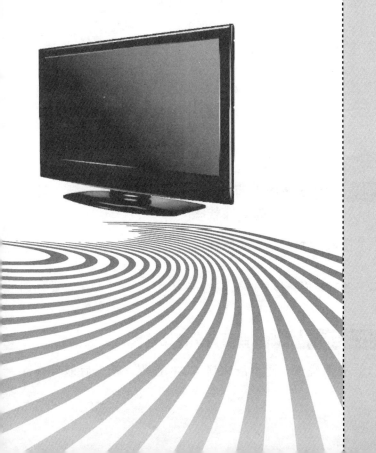

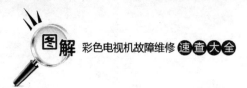
第一节　康佳 P21SA383 型彩电

1.故障现象： 图像左移

（1）**故障维修：** 此类故障属 VD405 不良，更换后即可排除故障。

（2）**图文解说：** 检修时重点检测 VD405。VD405 相关电路如图 6-1 所示。

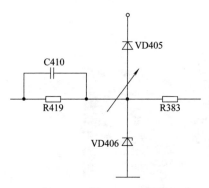

图 6-1　VD405 相关电路图

2.故障现象： 通电时面板指示灯亮，呈无光栅、无伴音、无图像状态

（1）**故障维修：** 此类故障属 V401 不良，更换后即可排除故障。

（2）**图文解说：** 检修时重点检测 V401。V401 相关电路如图 6-2 所示。

3.故障现象： 大部分台声音杂音比较大

（1）**故障维修：** 此类故障属 C330 虚焊，补焊后即可排除故障。

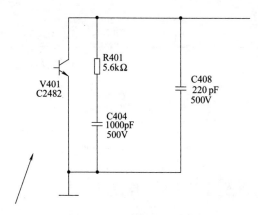

图 6-2　V401 相关电路图

（2）**图文解说**：检修时重点检测 N103 第①、②、③脚电压（正常分别为 2.15V、2.40V、3.0V）。C330 相关电路如图 6-3 所示。

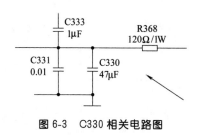

图 6-3　C330 相关电路图

第二节　康佳 P2902T 型彩电

1.故障现象： 有声音、无图像

（1）**故障维修**：此类故障属 R426 不良，更换后即可排除故障。

（2）**图文解说**：检修时重点检测 XS004 第㉓脚电压（正常为 1.3V）。R426 相关电路如图 6-4 所示。

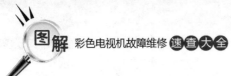

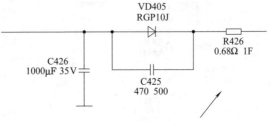

图 6-4　R426 相关电路图

2.故障现象：图像变形，伴音正常

（1）**故障维修**：此类故障属 VD412 不良，更换后即可排除故障。

（2）**图文解说**：检修时重点检测 VD412。VD412 相关电路如图 6-5 所示。

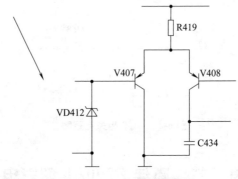

图 6-5　VD412 相关电路图

3.故障现象：行幅大，枕形校正失真，图像字符有重影

（1）**故障维修**：此类故障属 VD402 不良，更换后即可排除故障。

（2）**图文解说**：检修时重点检测 VD402。VD402 相关电路如图 6-6 所示。

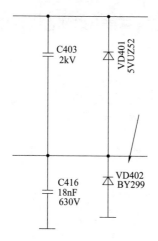

图 6-6　VD402 相关电路图

4.故障现象：无光栅、无伴音、无图像

（1）**故障维修：**此类故障属 N901 不良，更换后即可排除故障。

（2）**图文解说：**检修时重点检测 N901。N901 相关电路如图 6-7 所示。

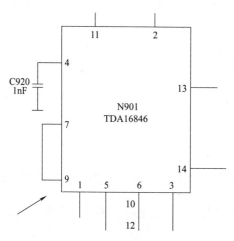

图 6-7　N901 相关电路图

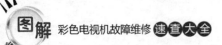

5.故障现象： 图像只有上半部带回扫线，下半部黑屏

（1）故障维修：此类故障属 VD302 不良，更换后即可排除故障。

（2）图文解说：检修时重点检测 XS300 第㉗脚电压（正常为 0.2V）。VD302 相关电路如图 6-8 所示。

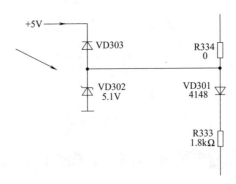

图 6-8　VD302 相关电路图

第三节　康佳 P2903T 型彩电

1.故障现象： 白光栅回扫线

（1）故障维修：此类故障属 C508、C509、C511 不良，更换后即可排除故障。

（2）图文解说：检修时重点检测 TDA6111 第①脚电压（正常为 3.2V）。C508 相关电路如图 6-9 所示。

2.故障现象： 开机无光栅、无伴音、无图像，指示灯闪烁

（1）故障维修：此类故障属 C941 失容，更换后即可排除故障。

（2）图文解说：检修时重点检测 C941。C941 相关电路如图

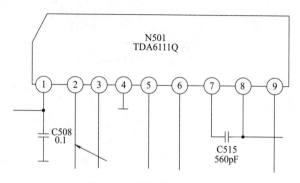

图 6-9　C508 相关电路图

6-10所示。

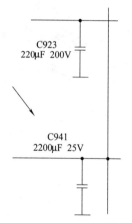

图 6-10　C941 相关电路图

3.故障现象： 正常工作中突然无光栅、无伴音、无图像，电源指示灯不亮

（1）**故障维修**：此类故障属 VD910 不良，更换后即可排除故障。

（2）**图文解说**：检修时重点检测 VD910。VD910 相关电路如图 6-11 所示。

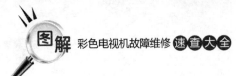
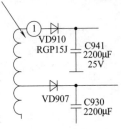

图 6-11　VD910 相关电路图

第四节　康佳 P2905M 型彩电

1.故障现象： 开机图像行幅增大，而场幅不满

（1）**故障维修：** 此类故障属电阻 R966 不良，更换后即可排除故障。

（2）**图文解说：** 检修时重点检测 R966。R966 相关电路如图6-12所示。

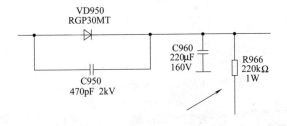

图 6-12　R966 相关电路图

2.故障现象： 无图像

（1）**故障维修：** 此类故障属 N501 和 R552 不良，更换后即可排除故障。

（2）**图文解说**：检修时重点检测 XS531 第③、⑤脚电压（正常分别为 9V、200V）。N501 相关电路如图 6-13 所示。

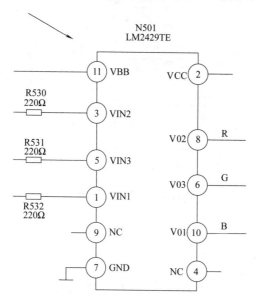

图 6-13 N501 相关电路图

3.故障现象：**图像变形，伴音正常**

（1）**故障维修**：此类故障属 R406 开路，更换后即可排除故障。

（2）**图文解说**：检修时重点检测 N401 第㉔脚枕形校正信号输出电压（正常为 2.5V）。R406 相关电路如图 6-14 所示。

4.故障现象：**图像上有一道道的干扰条，伴音正常**

（1）**故障维修**：此类故障属 U102 不良，更换后即可排除故障。

（2）**图文解说**：检修时重点检测 U102。U102 相关电路如图6-15 所示。

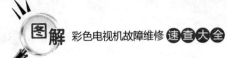

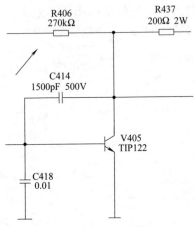

图 6-14　R406 相关电路图

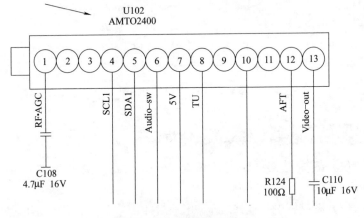

图 6-15　U102 相关电路图

5.故障现象：扬声器发出"喀喀"尖叫声

（1）**故障维修：** 此类故障属 N203 不良，更换后即可排除故障。

（2）**图文解说：** 检修时重点检测 N203。N203 相关电路如图 6-16 所示。

260

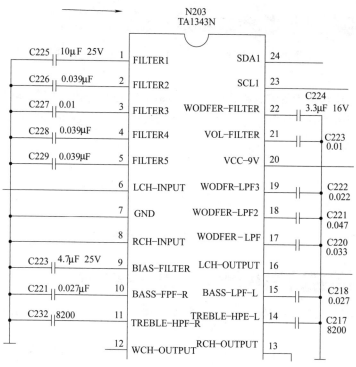

图 6-16 N203 相关电路图

6.故障现象：开机指示灯亮，无光栅

（1）故障维修：此类故障属 V967 漏电，更换后即可排除故障。

（2）图文解说：检修时重点检测 V967。V967 相关电路如图 6-17 所示。

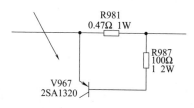

图 6-17 V967 相关电路图

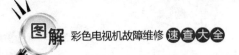

7.故障现象：开机后自动关机

（1）**故障维修**：此类故障属 R953、C603 不良，更换后即可排除故障。

（2）**图文解说**：检修时重点检测＋5V 电压输出。R953 相关电路如图 6-18 所示。

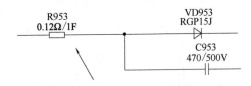

图 6-18　R953 相关电路图

8.故障现象：转换频道时图像一闪或蓝屏

（1）**故障维修**：此类故障属 V101 不良，更换后即可排除故障。

（2）**图文解说**：检修时重点检测 V101。V101 相关电路如图 6-19 所示。

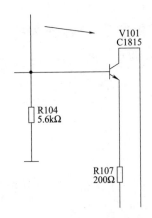

图 6-19　V101 相关电路图

9.故障现象：无规律自动关机

（1）**故障维修**：此类故障属 N440 虚焊，补焊后即可排除故障。

（2）**图文解说**：检修时重点检测 N440。N440 相关电路如图 6-20 所示。

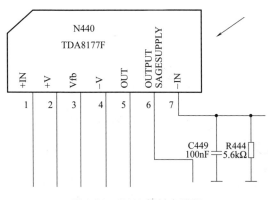

图 6-20　N440 相关电路图

第五节　康佳 P29FG188 型彩电

1.故障现象：无光栅、无伴音、无图像

（1）**故障维修**：此类故障属 C407 不良，更换后即可排除故障。

（2）**图文解说**：检修时重点检测 C407 的容量（正常为 2.2MΩ/100V）。C407 相关电路如图 6-21 所示。当 RP950 不良时也会出现类似故障。

2.故障现象：AV 图像正常，放 TV 时有很淡的雪花

（1）**故障维修**：此类故障属 V103 不良，更换后即可排除故障。

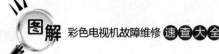

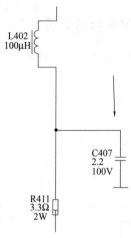

图 6-21 C407 相关电路图

（2）**图文解说**：检修时重点检测 V103。V103 相关电路如图 6-22 所示。

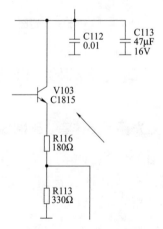

图 6-22 V103 相关电路图

3.故障现象： 光栅幅度小，机内发出"嗞嗞"声

（1）**故障维修**：此类故障属 R416 虚焊，补焊后即可排除

故障。

（2）**图文解说**：检修时重点检测＋B 的＋14V 电压。R416 相关电路如图 6-23 所示。

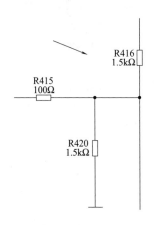

图 6-23　R416 相关电路图

4.故障现象：开机后自动关机，指示灯亮

（1）**故障维修**：此类故障属电容 C402 不良，更换后即可排除故障。

（2）**图文解说**：检修时重点检测 C402。C402 相关电路如图 6-24所示。

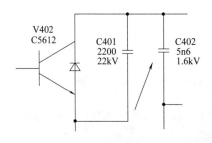

图 6-24　C402 相关电路图

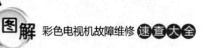
5.故障现象：黑屏

（1）**故障维修**：此类故障属 X2 不良，更换后即可排除故障。

（2）**图文解说**：检修时重点检测 X2。X2 相关电路如图 6-25 所示。

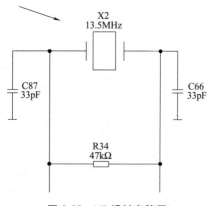

图 6-25　X2 相关电路图

6.故障现象：黑屏，伴音正常，无字符

（1）**故障维修**：此类故障属 VD410 不良，更换后即可排除故障。

（2）**图文解说**：检修时重点检测 VD410。VD410 相关电路如图 6-26 所示。

7.故障现象：图像画面网纹干扰

（1）**故障维修**：此类故障属 C15 不良，更换后即可排除故障。

（2）**图文解说**：检修时重点检测 C15。C15 相关电路如图 6-27 所示。

8.故障现象：行幅小，有回扫线，亮度低，无伴音

（1）**故障维修**：此类故障属 R954 不良，更换后即可排除故障。

（2）**图文解说**：检修时重点检测 R954。R954 相关电路如图 6-28所示。

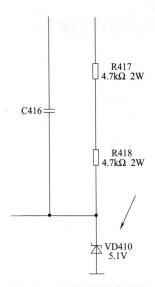

图 6-26 VD410 相关电路图

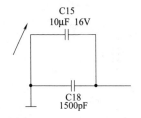

图 6-27 C15 相关电路图

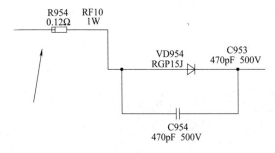

图 6-28 R954 相关电路图

9.故障现象：开机几秒烧行管

（1）**故障维修**：此类故障属 C411 不良，更换后即可排除故障。

（2）**图文解说**：检修时重点检测 C411。C411 相关电路如图 6-29所示。

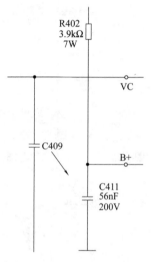

图 6-29　C411 相关电路图

10.故障现象：有声音、无图像，黑屏，无字符

（1）**故障维修**：此类故障属 C405 失效，更换后即可排除故障。

（2）**图文解说**：检修时重点检测 C405。C405 相关电路如图 6-30所示。

11.故障现象：在对比度开得较大时，图像发朦，彩色也变淡

（1）**故障维修**：此类故障属 R112 不良，更换后即可排除

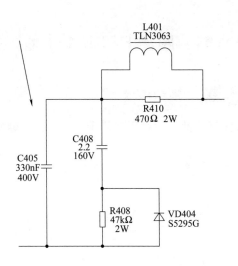

图 6-30　C405 相关电路图

故障。

（2）**图文解说**：检修时重点检测 R112 的阻值（正常为 22kΩ）。R112 相关电路如图 6-31 所示。

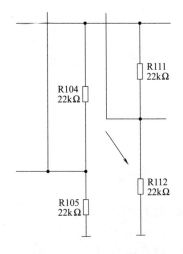

图 6-31　R112 相关电路图

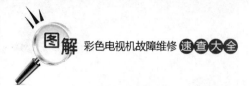

第六节 康佳 P29SE151 型彩电

1.故障现象： 个别台跑台

（1）**故障维修：** 此类故障属电阻 R616 不良，更换后即可排除故障。

（2）**图文解说：** 检修时重点检测 R616。R616 相关电路如图 6-32所示。

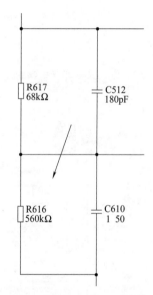

图 6-32　R616 相关电路图

2.故障现象： 开机黑屏

（1）**故障维修：** 此类故障属电容 C312 不良，更换后即可排除故障。

（2）**图文解说：** 检修时重点检测 N301 第⑮脚电压（正常为4V）。C312 相关电路如图 6-33 所示。

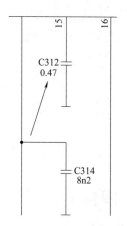

图 6-33　C312 相关电路图

3.故障现象：缺色

（1）**故障维修**：此类故障属 R535 开路，更换后即可排除故障。

（2）**图文解说**：检修时重点检测 R535。R535 相关电路如图 6-34所示。

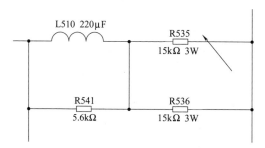

图 6-34　R535 相关电路图

4.故障现象：不能开机，或开机无图像、无伴音

（1）**故障维修**：此类故障属 C961 不良，更换后即可排除故障。

（2）**图文解说**：检修时重点检测 N907 的输入电压（正常为 9V）。C961 相关电路如图 6-35 所示。

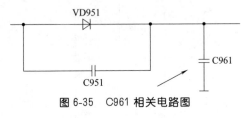

图 6-35　C961 相关电路图

第七节　康佳 P29SE282 型彩电

1.故障现象： 开机 3min 左右自动关机

（1）**故障维修**：此类故障属 N901 不良，更换后即可排除故障。

（2）**图文解说**：检修时重点检测＋B 电压（正常为＋135V）。N901 相关电路如图 6-36 所示。

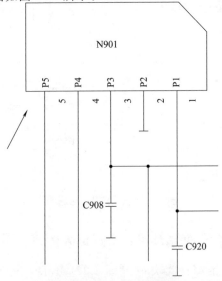

图 6-36　N901 相关电路图

2.故障现象：开机光栅没满屏时就自动关机

(1) 故障维修： 此类故障属 C403 开路，更换后即可排除故障。

(2) 图文解说： 检修时重点检测 TMPA8809CPN 第⑲脚电压（正常为 4.5V）。C403 相关电路如图 6-37 所示。

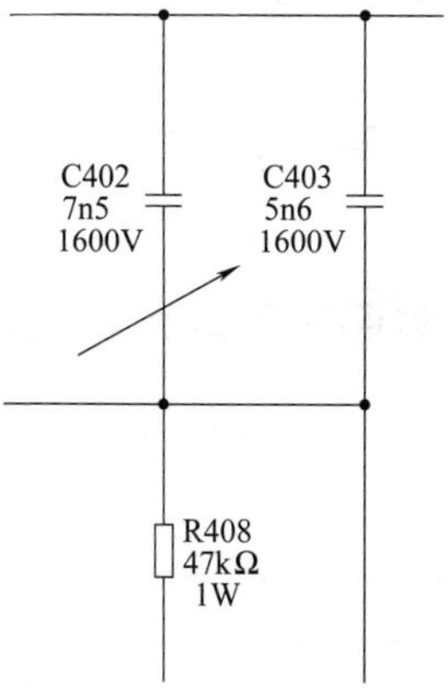

图 6-37 C403 相关电路图

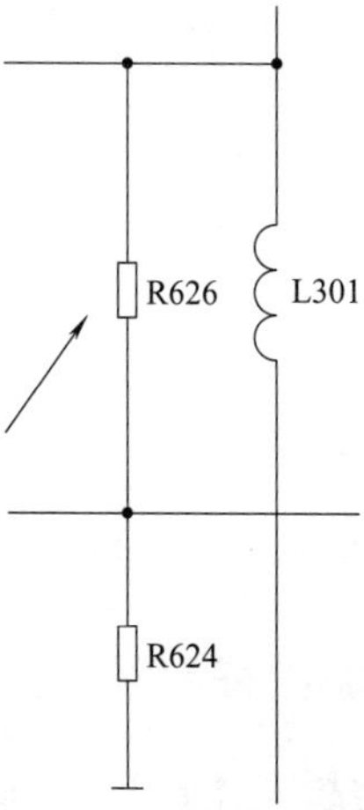

图 6-38 R626 相关电路图

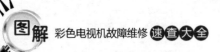

3.故障现象：无光栅、无伴音、无图像，指示灯亮

（1）**故障维修**：此类故障属 R626 不良，更换后即可排除故障。

（2）**图文解说**：检修时重点检测 R626 的阻值（正常为 10kΩ）。R626 相关电路如图 6-38 所示。当 V952 性能不良时也会出现无光栅、无伴音、无图像故障。

第八节　康佳 P3409T 型彩电

1.故障现象：开机后指示灯亮，无光栅

（1）**故障维修**：此类故障属 V401 不良，更换后即可排除故障。

（2）**图文解说**：检修时重点检测 V401。V401 相关电路如图 6-39 所示。

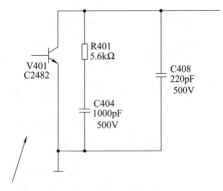

图 6-39　V401 相关电路图

2.故障现象：无光栅或开启时有回扫线

（1）**故障维修**：此类故障属 R528、N501 不良，更换后即可排除故障。

（2）**图文解说**：检修时重点检测 N506 第⑥脚电压（正常为 200V）。N501 相关电路如图 6-40 所示。

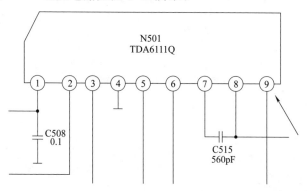

图 6-40　N501 相关电路图

:::::: **3.故障现象：** 白光栅、无图像、有伴音或聚焦

（1）**故障维修**：此类故障属 C507 不良，更换后即可排除故障。

（2）**图文解说**：检修时重点检测 C507。C507 相关电路如图 6-41所示。当 C505 脱焊时也会出现类似故障。

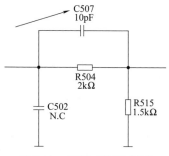

图 6-41　C507 相关电路图

:::::: **4.故障现象：** 不能开机

（1）**故障维修**：此类故障属 C958、C941 不良，更换后即可排除故障。

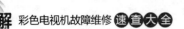
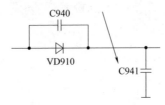

图 6-42　C941 相关电路图

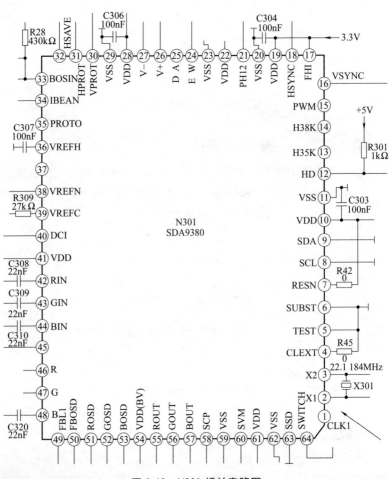

图 6-43　N301 相关电路图

（2）**图文解说**：检修时重点检测 C958、C941。C941 相关电路如图 6-42 所示。

5.故障现象：开机后指示灯不亮，有"咯咯"声

（1）**故障维修**：此类故障属 N301 不良，更换后即可排除故障。

（2）**图文解说**：检修时重点检测 N301。N301 相关电路如图 6-43 所示。当 VD904、V702 不良时也会出现类似故障。

第九节 康佳 SP29AS391 型彩电

1.故障现象：热机网纹干扰

（1）**故障维修**：此类故障属 C431 漏电，更换后即可排除故障。

（2）**图文解说**：检修时重点检测 C431。C431 相关电路如图 6-44所示。

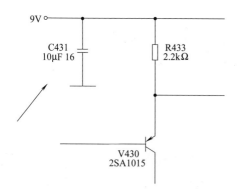

图 6-44 C431 相关电路图

2.故障现象：黑屏、无图像、有字符

（1）**故障维修**：此类故障属 VD916、VD951、V959、V965、

V107 不良，更换后即可排除故障。

（2）**图文解说**：检修时重点检测 VD951。VD951 相关电路如图 6-45 所示。

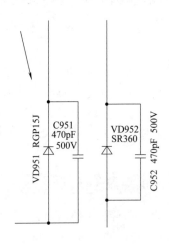

图 6-45　VD951 相关电路图

3.故障现象： 图像枕形校正失真

（1）**故障维修**：此类故障属 C404 不良，更换后即可排除故障。

（2）**图文解说**：检修时重点检测 C404。C404 相关电路如图 6-46所示。

4.故障现象： 有时能开机，有时一开机就保护，行不起振

（1）**故障维修**：此类故障属 VD810 漏电，更换后即可排除故障。

（2）**图文解说**：检修时重点检测 XS01 的第⑳脚电压（正常为 3.2V）。VD810 相关电路如图 6-47 所示。

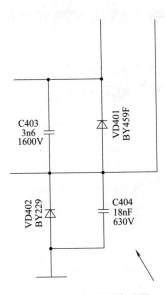

图 6-46　C404 相关电路图

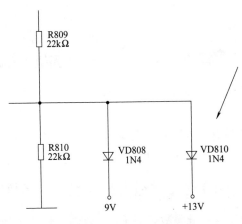

图 6-47　VD810 相关电路图

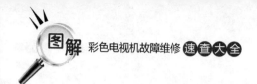

第十节 康佳 T2916N 型彩电

1.故障现象：接收 PAL 制式信号时图像色彩时有时无极不稳定

（1）**故障维修：**此类故障属 V624 不良，更换后即可排除故障。

（2）**图文解说：**检修时重点检测 N301 第⑪脚电压（正常为5.8V）。V624 相关电路如图 6-48 所示。

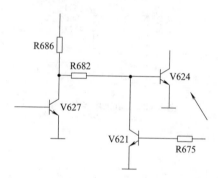

图 6-48 V624 相关电路图

2.故障现象：开机后屏幕呈一条水平亮线，电源指示灯亮

（1）**故障维修：**此类故障属 VD301 不良，更换后即可排除故障。

（2）**图文解说：**检修时重点检测 TA8759 第㉛脚对地电阻阻值（正常为 5kΩ）。VD301 相关电路如图 6-49 所示。

3.故障现象：开机后接收 D/K 制式伴音信号时无伴音

（1）**故障维修：**此类故障属 C204 内部不良，更换后即可排除故障。

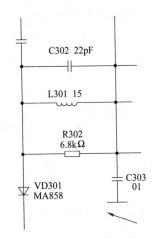

图 6-49　VD301 相关电路图

（2）**图文解说**：检修时重点检测 C204。C204 相关电路如图6-50所示。

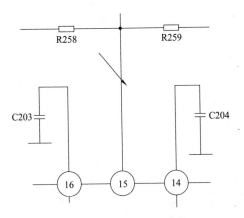

图 6-50　C204 相关电路图

:::::: 4.**故障现象**：自动搜台不起作用

（1）**故障维修**：此类故障属 V107 不良，更换后即可排除故障。

（2）**图文解说：** 检修时重点检测 V107。V107 相关电路如图 6-51 所示。

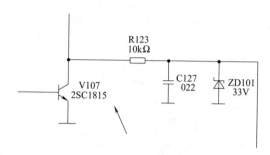

图 6-51　V107 相关电路图

5.故障现象：关机后，屏幕中心出现彩斑

（1）**故障维修：** 此类故障属 C509 不良，更换后即可排除故障。

（2）**图文解说：** 检修时重点检测 C509。C509 相关电路如图 6-52所示。

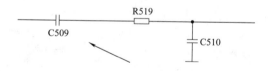

图 6-52　C509 相关电路图

6.故障现象：开机后无光栅、无伴音、无图像，电源指示灯亮

（1）**故障维修：** 此类故障属 R408 断路，更换后即可排除故障。

（2）**图文解说：** 检修时重点检测 R408。R408 相关电路如图 6-53所示。

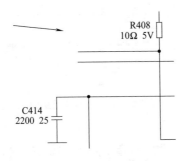

图 6-53　R408 相关电路图

7.故障现象：转换时原节目消失，信号不能存储

（1）**故障维修**：此类故障属 V101 不良，更换后即可排除故障。

（2）**图文解说**：检修时重点检测 V101。V101 相关电路如图 6-54 所示。

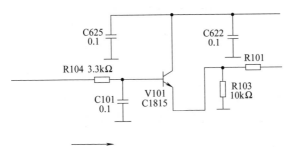

图 6-54　V101 相关电路图

8.故障现象：开机后电源不能启动，始终处于待机状态

（1）**故障维修**：此类故障属 V204 损坏，更换后即可排除故障。

（2）**图文解说**：检修时重点检测 V204。V204 相关电路如图 6-55 所示。

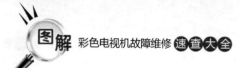

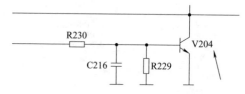

图 6-55　V204 相关电路图

第十一节　康佳 T2988P 型彩电

1.故障现象：行幅窄

（1）故障维修：此类故障属 C440 变值，更换后即可排除故障。

（2）图文解说：检修时重点检测 C440。C440 相关电路如图 6-56所示。

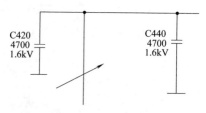

图 6-56　C440 相关电路图

2.故障现象：图像水平方向收缩，枕形校正失真

（1）故障维修：此类故障属 C444 失效，更换后即可排除故障。

（2）图文解说：检修时重点检测 C444。C444 相关电路如图 6-57所示。

3.故障现象：无光栅、无伴音、开关变压器有"嗞嗞"声

（1）故障维修：此类故障属 V404 不良，更换后即可排除

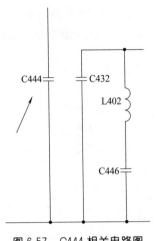

图 6-57　C444 相关电路图

故障。

（2）**图文解说**：检修时重点检测 V404。V404 相关电路如图
6-58 所示。

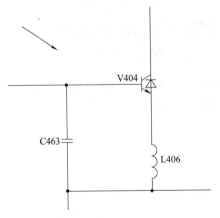

图 6-58　V404 相关电路图

:::: **4.故障现象：** 无光栅、无伴音

（1）**故障维修**：此类故障属 T401 不良，更换后即可排除故障。

（2）**图文解说**：检修时重点检测 T401。T401 相关电路如图 6-59所示。当 C442、T461 不良时也会出现类似故障。

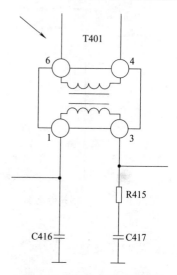

图 6-59　T401 相关电路图

5.故障现象： 无光栅无伴音，红色电源指示灯亮，继电器"嗒嗒"响

（1）**故障维修**：此类故障属 R411 开路，更换后即可排除故障。

（2）**图文解说**：检修时重点检测 V402 的基极电压（正常为 0.3V）。R411 相关电路如图 6-60 所示。

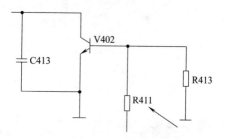

图 6-60　R411 相关电路图

6.故障现象：伴音集成电路被击穿

（1）**故障维修**：此类故障属 VD608 开路，更换后即可排除故障。

（2）**图文解说**：检修时重点检测 TA8218 第⑨脚电压（正常为 24.5V）。VD608 相关电路如图 6-61 所示。

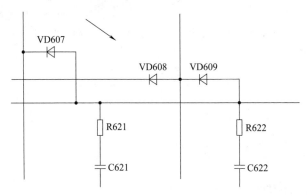

图 6-61　VD608 相关电路图

7.故障现象：按电源开关后，不能启动，处于待机状态

（1）**故障维修**：此类故障属 V490 损坏，更换后即可排除故障。

（2）**图文解说**：检修时重点检测 V490。V490 相关电路如图 6-62 所示。

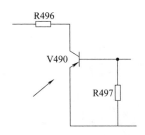

图 6-62　V490 相关电路图

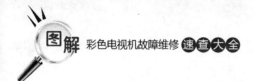

第十二节　康佳 T3468K 型彩电

1.故障现象: 开机无光栅、无伴音、无图像，机内有"嗞嗞"声

(1)**故障维修:**此类故障属 VD401 不良,更换后即可排除故障。

(2)**图文解说:**检修时重点检测 VD401。VD401 相关电路如图 6-63 所示。当 VD462 不良时也会出现类似故障。

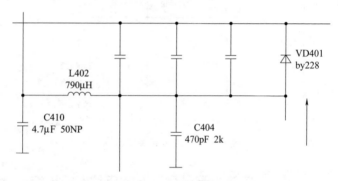

图 6-63　VD401 相关电路图

2.故障现象: 不能开机，指示灯不亮

(1) **故障维修：**此类故障属 C423 漏电，更换后即可排除故障。

(2) **图文解说：**检修时重点检测 C423。C423 相关电路如图 6-64所示。

3.故障现象: 水平线弯曲

(1) **故障维修：**此类故障属 L407 不良，更换后即可排除故障。

(2) **图文解说：**检修时重点检测 L407。L407 相关电路如图

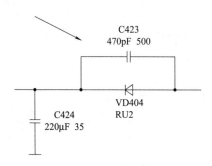

图 6-64　C423 相关电路图

6-65所示。

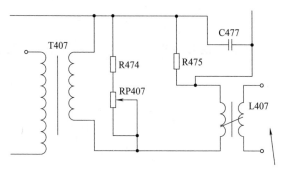

图 6-65　L407 相关电路图

⁝⁝⁝ 4.故障现象：开机后有正常高压，但马上就自动关机

（1）故障维修：此类故障属 C401 虚焊，补焊后即可排除故障。

（2）图文解说：检修时重点检测 C401。C401 相关电路如图 6-66所示。

⁝⁝⁝ 5.故障现象：每次开机半分钟左右就自动关机

（1）故障维修：此类故障属电容 C414 不良，更换后即可排除故障。

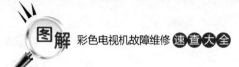

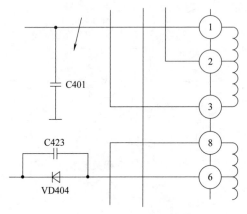

图 6-66　C401 相关电路图

（2）**图文解说**：检修时重点检测 C414。C414 相关电路如图 6-67 所示。

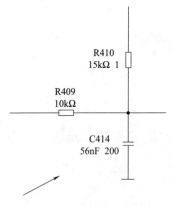

图 6-67　C414 相关电路图

6.故障现象：不能开机但指示灯亮

（1）**故障维修**：此类故障属 C414、VD466 不良，更换后即可排除故障。

（2）**图文解说**：检修时重点检测 VD466。VD466 相关电路如

图 6-68 所示。

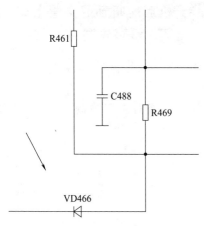

图 6-68　VD466 相关电路图

7.故障现象：开机烧行管

（1）**故障维修：** 此类故障属电阻 R405 不良，更换后即可排除故障。

（2）**图文解说：** 检修时重点检测 R405。R405 相关电路如图 6-69所示。

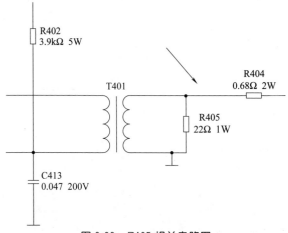

图 6-69　R405 相关电路图

8.故障现象：开机后能听到显像管上有"沙"的高压加电声，没有光栅

（1）**故障维修：**此类故障属 C402 虚焊，重新补焊后即可排除故障。

（2）**图文解说：**检修时重点检测 C402。C402 相关电路如图 6-70 所示。

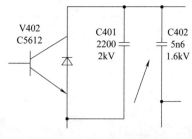

图 6-70　C402 相关电路图

9.故障现象：开机无光，扬声器出现断续的"噗噗"响声

（1）**故障维修：**此类故障属 RP901 不良，更换后即可排除故障。

（2）**图文解说：**检修时重点检测 RP901。RP901 相关电路如图 6-71 所示。

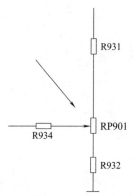

图 6-71　RP901 相关电路图

第十三节 康佳彩电其他机型

1.故障现象： **BT5060H 型彩电不能开机，能听到开机有高压声**

（1）**故障维修：** 此类故障属 C173 不良，更换后即可排除故障。

（2）**图文解说：** 检修时重点检测 C173。C173 相关电路如图 6-72所示。

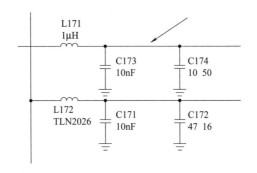

图 6-72　C173 相关电路图

2.故障现象： **F5428D4 型彩电开机即烧电源开关管，无光栅、无伴音**

（1）**故障维修：** 此类故障属 C901 不良，更换后即可排除故障。

（2）**图文解说：** 检修时重点检测 C901。C901 相关电路如图 6-73所示。

3.故障现象： **F5428D 型彩电管座通电即冒烟**

（1）**故障维修：** 此类故障属 C418、VD412 不良，更换后即可

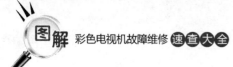

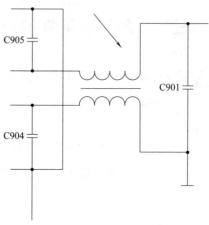

图 6-73 C901 相关电路图

排除故障。

（2）**图文解说**：检修时重点检测 C418、VD412。C418 相关电路如图 6-74 所示。

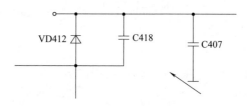

图 6-74 C418 相关电路图

4.故障现象：P25SE282 型彩电图像有水平黑线干扰

（1）**故障维修**：此类故障属 C453 不良，更换后即可排除故障。

（2）**图文解说**：检修时重点检测 N401 第②脚供电电压（正常为 25.5V）。C453 相关电路如图 6-75 所示。

5.故障现象：P2919 型彩电黑屏

（1）**故障维修**：此类故障属 N501、N502 不良，更换后即可排

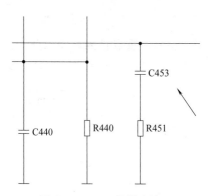

图 6-75 C453 相关电路图

除故障。

（2）**图文解说**：检修时重点检测 N501、N502。N501 相关电路如图 6-76 所示。

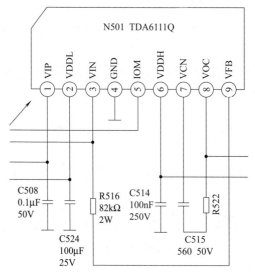

图 6-76 N501 相关电路图

6.故障现象: P2961K 型彩电不能开机

（1）**故障维修**：此类故障属电容 VD914 不良，更换后即可排除故障。

（2）图文解说：检修时重点检测电源电路 300V 电压。VD914
相关电路如图 6-77 所示。当 C909 不良时也会出现类似故障。

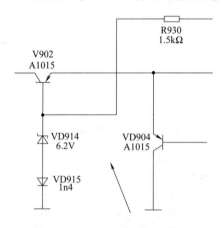

图 6-77　VD914 相关电路图

7.故障现象：P29FM216 型彩电开机后整机处于待机状态，红色指示灯点亮

（1）故障维修：此类故障属 N401 不良，更换后即可排除
故障。

（2）图文解说：检修时重点检测 N401。N401 相关电路如图
6-78 所示。

8.故障现象：P29SE073 型彩电图像亮度忽高忽低，且有许多干扰线

（1）故障维修：此类故障属 V510 不良，更换后即可排除
故障。

（2）图文解说：检修时重点检测视放供电（正常为＋200V）。
V510 相关电路如图 6-79 所示。

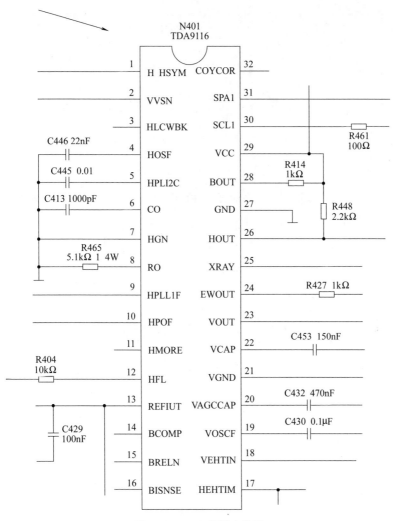

图 6-78　N401 相关电路图

9.故障现象：P34AS390 型彩电无光栅、无伴音、无图像

（1）故障维修：此类故障属 N902 不良，更换后即可排除故障。

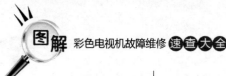

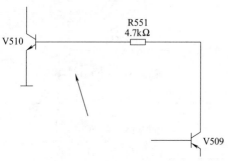

图 6-79 V510 相关电路图

（2）图文解说：检修时重点检测 N902。N902 相关电路如图 6-80 所示。

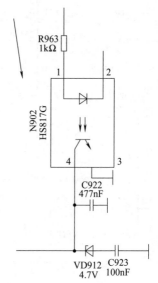

图 6-80 N902 相关电路图

10.故障现象：T2573S 型彩电开机光栅时暗时亮，光栅亮时偶尔伴有回扫线但不明显

（1）故障维修：此类故障属 R543 开路，更换后即可排除故障。

（2）**图文解说**：检修时重点检测 R543。R543 相关电路如图 6-81所示。

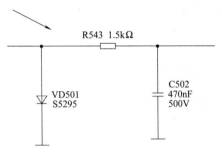

图 6-81　R543 相关电路图

11.故障现象：**T2573S 型彩电枕形校正失真**

（1）**故障维修**：此类故障属 R410 开路，更换后即可排除故障。

（2）**图文解说**：检修时重点检测 R410。R410 相关电路如图 6-82所示。

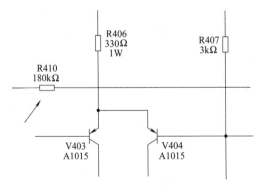

图 6-82　R410 相关电路图

12.故障现象：**T3466E 型彩电不能开机，指示灯亮，并能听到行启动声**

（1）**故障维修**：此类故障属 R402 开路，更换后即可排除故障。

（2）**图文解说：**检修时重点检测＋B 电压（正常为 135V）。R402 相关电路如图 6-83 所示。

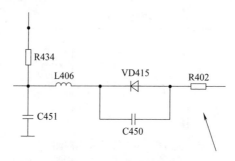

图 6-83　R402 相关电路图

13.故障现象：T3466E 型彩电有伴音无光栅

（1）**故障维修：**此类故障属 C460 失容，更换后即可排除故障。

（2）**图文解说：**检修时重点检测 C460。C460 相关电路如图 6-84所示。当 R402 开路时也会出现类似故障。

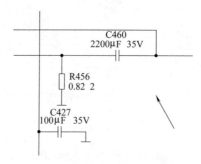

图 6-84　C460 相关电路图

14.故障现象：T3488P 型彩电待机指示灯亮，不能启动

（1）**故障维修：**此类故障属 V402 损坏，更换后即可排除故障。

（2）**图文解说**：检修时重点检测 V402。V402 相关电路如图 6-85 所示。

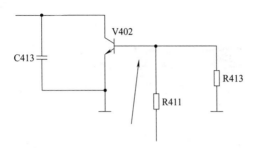

图 6-85　V402 相关电路图

15.故障现象：T3488P 型彩电无光栅、无伴音、无图像，待机指示灯不亮

（1）**故障维修**：此类故障属 C820 不良，更换后即可排除故障。

（2）**图文解说**：检修时重点检测 C820。C820 相关电路如图 6-86所示。

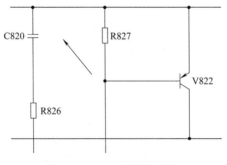

图 6-86　C820 相关电路图

第 七 章

厦华彩电

第一节　厦华 MT-2935A 型彩电

1.故障现象：行幅大

（1）**故障维修**：此类故障属 V303 不良，更换后即可排除故障。

（2）**图文解说**：检修时重点检测 V303 的 C 极电压（正常为17.5V 左右）。V303 相关电路如图 7-1 所示。当 L301 不良时也会出现此类故障。

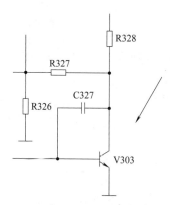

图 7-1　V303 相关电路图

2.故障现象：光栅几何失真，自动找台图像行场不同步且不储存

（1）**故障维修**：此类故障属 R523 不良，更换后即可排除故障。

（2）**图文解说**：检修时重点检测＋B 电压（正常为 130V）。R523 相关电路如图 7-2 所示。

3.故障现象：不能开机，指示灯闪

（1）**故障维修**：此类故障属 C510 不良，更换后即可排除

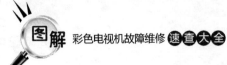

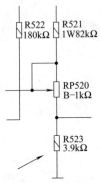

图 7-2　R523 相关电路图

故障。

（2）**图文解说**：检修时重点检测 C510。C510 相关电路如图 7-3所示。当 VD501 开路时也会出现此类故障。

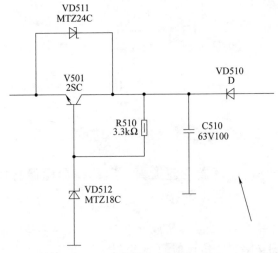

图 7-3　C510 相关电路图

:::::: **4.故障现象：** 无光栅、无伴音、无图像，待机指示灯亮

（1）**故障维修**：此类故障属 R550 不良，更换后即可排除故障。

（2）图文解说：检修时重点检测 R550。R550 相关电路如图 7-4所示。

图 7-4　R550 相关电路图

5.故障现象：开机后电压输出降为 0V

（1）故障维修：此类故障属电阻 R519、R520 不良，更换后即可排除故障。

（2）图文解说：检修时重点检测 R519、R520。R519、R520 相关电路如图 7-5 所示。当 V520 不良时也会出现此类故障。

图 7-5　R519、R520 相关电路图

第二节　厦华 K2918 型彩电

1.故障现象：枕形校正失真

（1）故障维修：此类故障属 V322、L320 不良，更换后即可排

除故障。

(2) **图文解说**：检修时重点检测 V322、L320。V322 相关电路如图 7-6 所示。

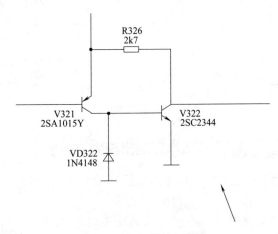

图 7-6　V322 相关电路图

2.故障现象： **无光栅、无伴音、无图像，灯亮**

(1) **故障维修**：此类故障属 C365 不良，更换后即可排除故障。

(2) **图文解说**：检修时重点检测 C365。C365 相关电路如图 7-7所示。

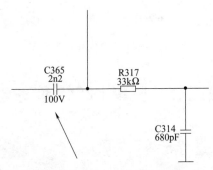

图 7-7　C365 相关电路图

3.故障现象：高压打火，无法正常收看

（1）**故障维修**：此类故障属 VD357、C365 不良，更换后即可排除故障。

（2）**图文解说**：检修时重点检测 VD357、C365。VD357 相关电路如图 7-8 所示。

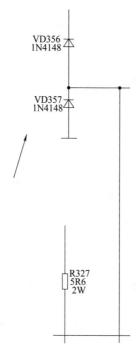

图 7-8　VD357 相关电路图

4.故障现象：图像中缺少亮度信号，伴音正常

（1）**故障维修**：此类故障属 C232 脱焊，补焊后即可排除故障。

（2）**图文解说**：检修时重点检测 C232。C232 相关电路如图 7-9所示。

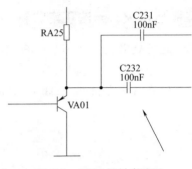

图 7-9　C232 相关电路图

5.故障现象：时常自动关机

（1）故障维修：此类故障属 VD550 不良，更换后即可排除故障。

（2）图文解说：检修时重点检测 VD550。VD550 相关电路如图 7-10 所示。当 R551 阻值变大时也会出现类似故障。

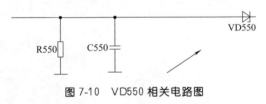

图 7-10　VD550 相关电路图

第三节　厦华 PS-42D8 型等离子彩电

1.故障现象：在 YPBPR、YCBCR 时无图像

（1）故障维修：此类故障属 C410 不良，更换后即可排除故障。

（2）图文解说：检修时重点检测 C410。C410 相关电路如图 7-11所示。

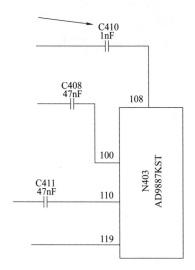

图 7-11   C410 相关电路图

2.故障现象：按键失效

（1）故障维修：此类故障属 RM70 开路，更换后即可排除故障。

（2）图文解说：检修时重点检测 NM5 第⑯脚电压（正常为 2.46V）。RM70 相关电路如图 7-12 所示。

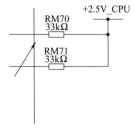

图 7-12   RM70 相关电路图

3.故障现象：在 VGA 口输入信号源有时黑屏

（1）故障维修：此类故障属 R76、R78 不良，将其由 820Ω 改为 1.2kΩ 即可排除故障。

（2）**图文解说**：检修时重点检测 R76、R78。R76、R78 相关电路如图 7-13 所示。

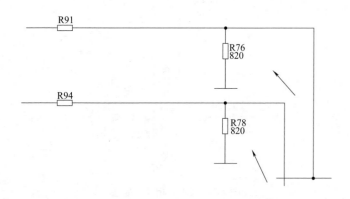

图 7-13　R76、R78 相关电路图

4.故障现象：低温时容易出现开机困难

（1）**故障维修**：此类故障属 C559 不良，在 C559 两端并联一个 $10V/100\mu F$ 的电解电容即可排除故障。

（2）**图文解说**：检修时重点检测 C559。C559 相关电路如图 7-14所示。

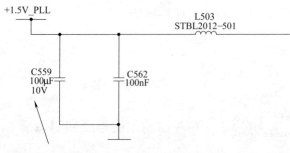

图 7-14　C559 相关电路图

第四节　厦华 TN2985 型彩电

▓ 1.故障现象： 无光栅、无伴音、无图像

（1）**故障维修**：此类故障属 D504 不良，更换后即可排除故障。

（2）**图文解说**：检修时重点检测 D504。D504 相关电路如图7-15所示。

当 C359 不良时也会出此类故障。开关电源厚膜块 N501 的第④脚供电电压低于 10V 及高于 22.5V 时，并持续 8ms 时 G9656 自动关闭输出。

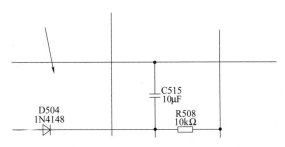

图 7-15　D504 相关电路图

▓ 2.故障现象： 不能开机，红灯亮

（1）**故障维修**：此类故障属 V501 不良，更换后即可排除故障。

（2）**图文解说**：检修时重点检测 N501 第④脚电压（正常不能低于 17V）。V501 相关电路如图 7-16 所示。

▓ 3.故障现象： 自动搜台不存台

（1）**故障维修**：此类故障属 R127 不良，更换后即可排除故障。

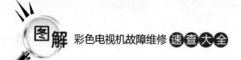

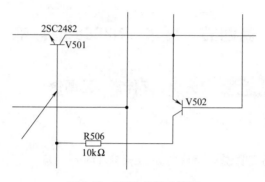

图 7-16　V501 相关电路图

（2）**图文解说**：检修时重点检测 R127 的阻值（正常为 18kΩ）。R127 相关电路如图 7-17 所示。当 R127 变值后，N101 第②脚 AFT 输出电压无法送到 CPU，因此出现自动找台后不存台故障。

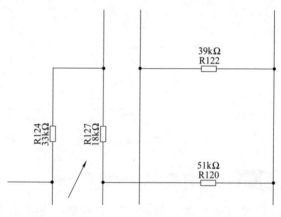

图 7-17　R127 相关电路图

4.故障现象：场线性不良

（1）**故障维修**：此类故障属 R320 不良，更换后即可排除故障。

（2）**图文解说**：检修时重点检测 R320 的阻值（正常为 3.9kΩ）。R320 相关电路如图 7-18 所示。电阻 R320 是场激励信号，正信号输入到场块的限流电阻，阻值变大后导致供到场块第⑦脚的电压偏低，引起激励信号不足，从而引发此故障。

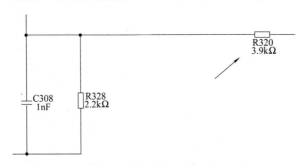

图 7-18　R320 相关电路图

5.故障现象：行幅大

（1）**故障维修**：此类故障属 R340 不良，更换后即可排除故障。

（2）**图文解说**：检修时重点检测 R340 的阻值（正常为62kΩ）。R340 相关电路如图 7-19 所示。

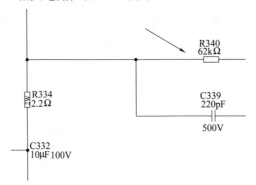

图 7-19　R340 相关电路图

6.故障现象：蓝屏时屏幕上有许多横线干扰，开关变压器还发出"嗞嗞"叫声

（1）**故障维修**：此类故障属 R514 变值，更换后即可排除

故障。

（2）**图文解说**：检修时重点检测 R514。R514 相关电路如图 7-20所示。

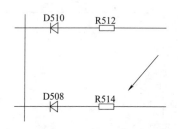

图 7-20　R514 相关电路图

第五节　厦华 XT-3468T 型彩电

1.故障现象：无光栅无伴音，电源指示灯亮

（1）**故障维修**：此类故障属 R517 不良，更换后即可排除故障。

（2）**图文解说**：检修时重点检测 R517。R517 相关电路如图 7-21所示。

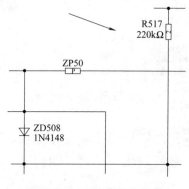

图 7-21　R517 相关电路图

2.故障现象：自动关机

（1）**故障维修**：此类故障属 C345 损坏，更换后即可排除故障。

（2）**图文解说**：检修时重点检测 C345。C345 相关电路如图7-22所示。

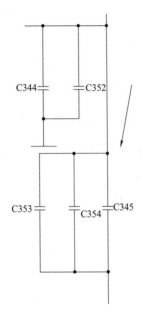

图 7-22　C345 相关电路图

3.故障现象：开机屏幕无光、无声、红色待机指示灯亮，间断地听见继电器吸合、断开的声音

（1）**故障维修**：此类故障属 R579 不良，更换后即可排除故障。

（2）**图文解说**：检修时重点检测 R579。R579 相关电路如图7-23所示。

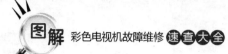

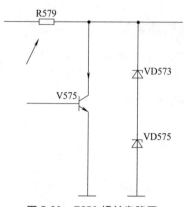

图 7-23　R579 相关电路图

4.故障现象：白光栅，无伴音

（1）**故障维修：**此类故障属 N503 损坏，更换后即可排除故障。

（2）**图文解说：**检修时重点检测 N503 第②脚电压（正常为 12V）。N503 相关电路如图 7-24 所示。

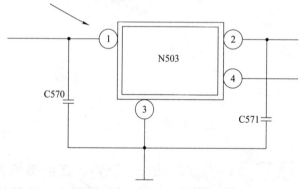

图 7-24　N503 相关电路图

5.故障现象：无光栅、无伴音，机内有"嗞嗞"声，电源指示灯忽亮忽暗

（1）**故障维修：**此类故障属 R842 不良，更换后即可排除故障。

316

（2）**图文解说**：检修时重点检测 R842。R842 相关电路如图 7-25所示。

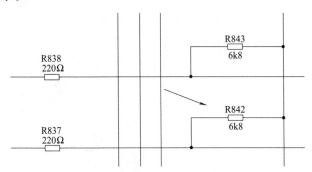

图 7-25　R842 相关电路图

6.故障现象： 屏幕水平有一条亮线

（1）**故障维修**：此类故障属 VD308、R325 不良，更换后即可排除故障。

（2）**图文解说**：检修时重点检测 VD308、R325。VD308 相关电路如图 7-26 所示。

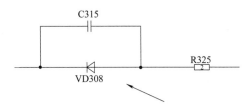

图 7-26　VD308 相关电路图

第六节　厦华 XT-6698T 型彩电

1.故障现象： 有声音、无光栅

（1）**故障维修**：此类故障属三极管 V201 不良，更换后即可排除故障。

（2）**图文解说**：检修时重点检测 V201。V201 相关电路如图 7-27 所示。

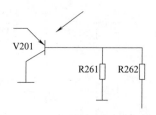

图 7-27　V201 相关电路图

2.故障现象：调大亮度时图像反转，伴音正常

（1）**故障维修**：此类故障属 R409 不良，更换后即可排除故障。

（2）**图文解说**：检修时重点检测 R409。R409 相关电路如图 7-28所示。

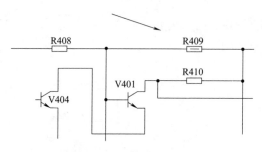

图 7-28　R409 相关电路图

3.故障现象：开机几分钟后行幅缩小，"吱"一声便自动停机

（1）**故障维修**：此类故障属 VD315 不良，更换后即可排除故障。

（2）**图文解说**：检修时重点检测 VD315。VD315 相关电路如图 7-29 所示。

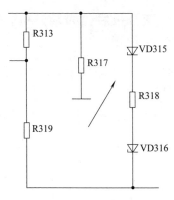

图 7-29　VD315 相关电路图

第七节　厦华 XT-7128T 型彩电

1.故障现象： **开机继电器吸合后释放，进入待机状态**

（1）**故障维修：** 此类故障属 R334 虚焊，补焊后即可排除故障。

（2）**图文解说：** 检修时重点检测 R334。R334 相关电路如图 7-30所示。当 C824 不良时也会出现此类故障。

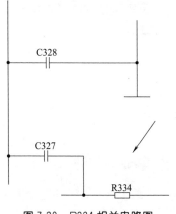

图 7-30　R334 相关电路图

2.故障现象: 多次开机后有时能开机,只要能开机即可正常收看

(1)**故障维修:** 此类故障属 C824 不良,更换后即可排除故障。

(2)**图文解说:** 检修时重点检测 C824。C824 相关电路如图 7-31所示。

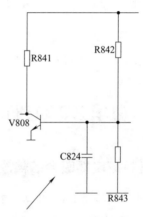

图 7-31　C824 相关电路图

3.故障现象: 开机有高压建立的声音,继电器断开,进入待机状态

(1)**故障维修:** 此类故障属 C318 不良,更换后即可排除故障。

(2)**图文解说:** 检修时重点检测视放电路供电电压(正常为180V)。C318 相关电路如图 7-32 所示。

4.故障现象: 有时能正常收看,有时自动关机

(1)**故障维修:** 此类故障属 VD304 不良,更换后即可排除故障。

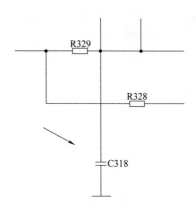

图 7-32　C318 相关电路图

（2）**图文解说**：检修时重点检测 VD304。VD304 相关电路如图 7-33 所示。

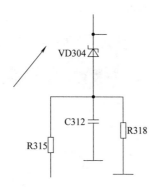

图 7-33　VD304 相关电路图

第八节　厦华 XT-7662 型彩电

:::::1.故障现象：无光栅无伴音，待机指示灯亮

（1）**故障维修**：此类故障属 N301 不良，更换后即可排除故障。

（2）**图文解说**：检修时重点检测＋27V 供电电路。N301 相关电路如图 7-34 所示。

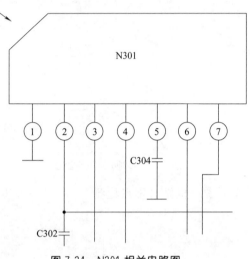

图 7-34　N301 相关电路图

2.故障现象：枕形校正失真，且上部有回扫线

（1）**故障维修**：此类故障属 N505（SE116）不良，更换后即可排除故障。

（2）**图文解说**：检修时重点检测 N505。N505 相关电路如图 7-35 所示。

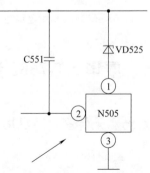

图 7-35　N505 相关电路图

3.故障现象：在正常收看时突然中间出现一条白亮线后成黑屏

（1）**故障维修：**此类故障属 C346 不良，更换后即可排除故障。

（2）**图文解说：**检修时重点检测 C346。C346 相关电路如图 7-36所示。

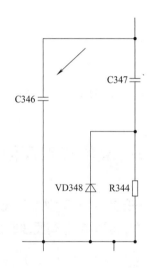

图 7-36　C346 相关电路图

4.故障现象：开机无光栅、无伴音、无图像，指示灯不亮

（1）**故障维修：**此类故障属 C508 不良，更换后即可排除故障。

（2）**图文解说：**检修时重点检测 C508。C508 相关电路如图 7-37所示。

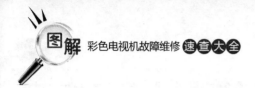

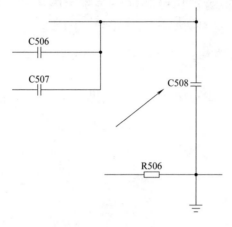

图 7-37　C508 相关电路图

第九节　厦华彩电其他机型

1.故障现象： XT-29F8THD 型彩电无光栅、无伴音、无图像，但继电器有反复吸合、断开的响声

（1）**故障维修：** 此类故障属 R327 开路，更换后即可排除故障。

（2）**图文解说：** 检修时重点检测 R327。R327 相关电路如图 7-38所示。

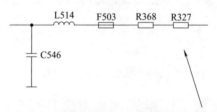

图 7-38　R327 相关电路图

2.故障现象： HT2966T 型彩电转换节目时，图像下部左、右两边出现抖动现象，2s 左右后消失

（1）**故障维修：** 此类故障属 R312 开路，更换后即可排除故障。

（2）**图文解说：** 检修时重点检测 N301 第⑰脚行幅电压（正常为 5.2V）。R312 相关电路如图 7-39 所示。

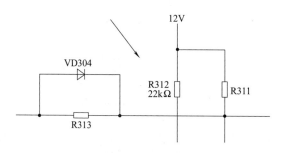

图 7-39　R312 相关电路图

3.故障现象： HT3466 型彩电有声、黑屏

（1）**故障维修：** 此类故障属 C399、V303 不良，更换后即可排除故障。

（2）**图文解说：** 检修时重点检测 C399。C399 相关电路如图 7-40所示。

4.故障现象： MT-3468C 型彩电没有图像

（1）**故障维修：** 此类故障属 C134 开路，更换后即可排除故障。

（2）**图文解说：** 检修时重点检测中放 VCO 滤波的电压（正常为 3.15V）。C134 相关电路如图 7-41 所示。

5.故障现象： MT-3468 型彩电枕形校正失真

（1）**故障维修：** 此类故障属 C139 开路，更换后即可排除故障。

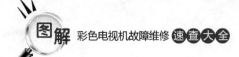

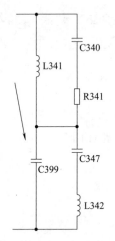

图 7-40 C399 相关电路图

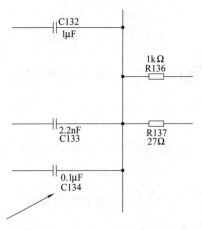

图 7-41 C134 相关电路图

（2）**图文解说：**检修时重点检测 C139。C139 相关电路如图 7-42所示。

6.故障现象： **TS2180 型彩电蓝屏，无图像，无伴音**

（1）**故障维修：**此类故障属 L203 开路，更换后即可排除

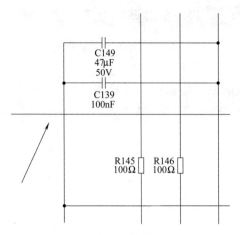

图 7-42　C139 相关电路图

故障。

（2）**图文解说**：检修时重点检测 L203。L203 相关电路如图 7-43所示。

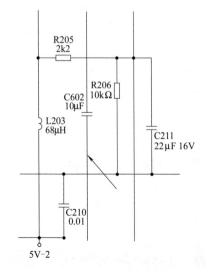

图 7-43　L203 相关电路图

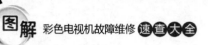

::::: **7.故障现象:** TS2580 型彩电场上部压缩

(1) **故障维修:** 此类故障属 R520 阻值变大,更换后即可排除故障。

(2) **图文解说:** 检修时重点检测 N505 输出端电压(正常为5V)。R520 相关电路如图 7-44 所示。

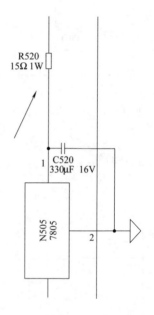

图 7-44　R520 相关电路图

::::: **8.故障现象:** TS2580 型彩电开机后,声音正常,但图像忽大忽小

(1) **故障维修:** 此类故障属 V507 不良,更换后即可排除故障。

(2) **图文解说:** 检修时重点检测 V507。V507 相关电路如图7-45 所示。

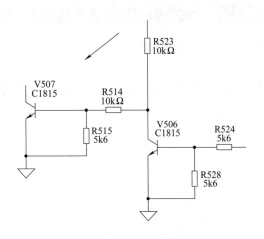

图 7-45　V507 相关电路图

9.故障现象：TS2580 型彩电有时出现水平亮线

（1）**故障维修**：此类故障属 C214 虚焊，补焊后即可排除故障。

（2）**图文解说**：检修时重点检测 C214。C214 相关电路如图 7-46 所示。

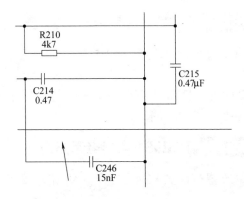

图 7-46　C214 相关电路图

10.故障现象：TS2980 型彩电图像场幅窄，且上下跳动

（1）**故障维修**：此类故障属 C517 不良，更换后即可排除故障。

（2）**图文解说**：检修时重点检测＋B 电压（正常为 140V）。C517 相关电路如图 7-47 所示。

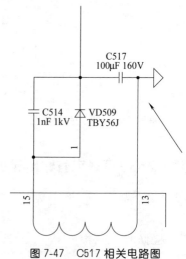

图 7-47　C517 相关电路图

11.故障现象：TS2981 型彩电无光栅、无伴音、无图像

（1）**故障维修**：此类故障属 V505 不良，更换后即可排除故障。

（2）**图文解说**：检修时重点检测＋B 电压（正常为 125V）。V505 相关电路如图 7-48 所示。

12.故障现象：TS2981 型彩电无光栅

（1）**故障维修**：此类故障属 V501 开路，更换后即可排除故障。

（2）**图文解说**：检修时重点检测 V501。V501 相关电路如图

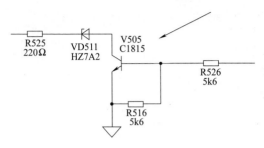

图 7-48 V505 相关电路图

7-49 所示。

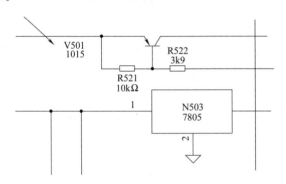

图 7-49 V501 相关电路图

┊┊┊ 13.故障现象：XT-2570N 型彩电图像边沿有锯齿状拉毛

（1）**故障维修**：此类故障属 C521 不良，用一只 $1000\mu F/35V$ 的电容替换原来的 $100\mu F/35V$ 即可排除故障。

（2）**图文解说**：检修时重点检测 C521。C521 相关电路如图 7-50所示。若将 C521 用一只 $1000\mu F/35V$ 替换后出现无光栅、无伴音、无图像现象，可检查行输出是否脱焊。

┊┊┊ 14.故障现象：XT-2950N 型彩电行幅变大

（1）**故障维修**：此类故障属 C399、C357 不良，用 $4.7\mu F/400V$ 的电解电容更换即可排除故障。

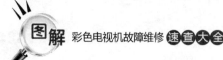

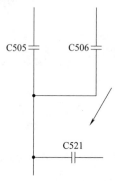

图 7-50 C521 相关电路图

（2）**图文解说**：检修时重点检测 C399、C357。C399 相关电路如图 7-51 所示。

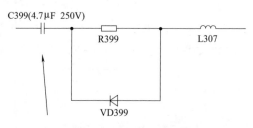

图 7-51 C399 相关电路图

15.故障现象： XT-2998T 型彩电在正常收看时突然中间出现一条白亮线后黑屏

（1）**故障维修**：此类故障属 C346 不良，更换后即可排除故障。

（2）**图文解说**：检修时重点检测 C346。C346 相关电路如图 7-52所示。

16.故障现象： XT5125 型彩电收看过程中突然自动关机，且无规律

（1）**故障维修**：此类故障属 C313 虚焊，重新补焊后即可排除

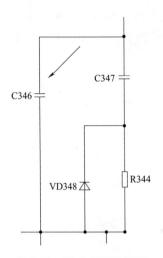

图 7-52   C346 相关电路图

故障。

（2）**图文解说**：检修时重点检测 C313。C313 相关电路如图 7-53所示。

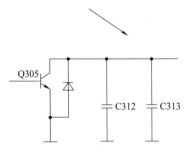

图 7-53   C313 相关电路图

17.故障现象：XT-6687T 型彩电伴音小，能随音量调节变化

（1）**故障维修**：此类故障属 RP101 不良，更换后即可排除故障。

（2）**图文解说**：检修时重点检测 RP101 的阻值（正常为 5kΩ）。RP101 相关电路如图 7-54 所示。

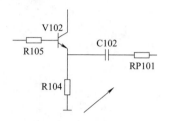

图 7-54　RP101 相关电路图

18.故障现象：XT-6687T 型彩电无规律自动停机

（1）**故障维修**：此类故障属 VD513 不良，更换后即可排除故障。

（2）**图文解说**：检修时重点检测 VD513。VD513 相关电路如图 7-55 所示。

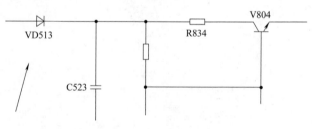

图 7-55　VD513 相关电路图

第 八 章

福日彩电

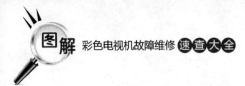

第一节 福日 HFC-2125 型彩电

1.故障现象： 不能开机

（1）**故障维修**：此类故障属 IC103 不良，更换后即可排除故障。

（2）**图文解说**：检修时重点检测 IC103。IC103 相关电路如图 8-1 所示。

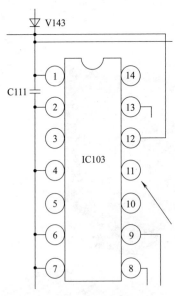

图 8-1 IC103 相关电路图

2.故障现象： 整个荧光屏几乎无光栅，只有左上部有一块不大的近似三角形的闪动亮斑

（1）**故障维修**：此类故障属 C713 不良，更换后即可排除故障。

（2）**图文解说**：检修时重点检测 IC601 第⑨脚电压（正常为27.5V 左右）。C713 相关电路如图 8-2 所示。

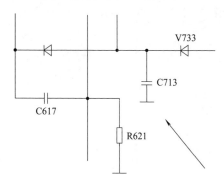

图 8-2　C713 相关电路图

3.故障现象： 光栅线性差

（1）**故障维修**：此类故障属 C609 不良，更换后即可排除故障。

（2）**图文解说**：检修时重点检测 C609。C609 相关电路如图8-3所示。

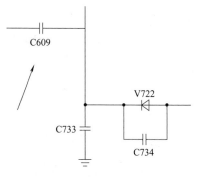

图 8-3　C609 相关电路图

4.故障现象： 图像声音正常，但光栅上半部亮下半部暗

（1）**故障维修**：此类故障属 V612 不良，更换后即可排除

故障。

（2）**图文解说**：检修时重点检测 V612 正极电压（正常为 3V 左右）。V612 相关电路如图 8-4 所示。

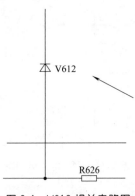

图 8-4　V612 相关电路图

5.故障现象： 无光栅，伴音正常

（1）**故障维修**：此类故障属 C740 不良，更换后即可排除故障。

（2）**图文解说**：检修时重点检测 IC501 的第③、④、㉓脚电压（正常分别为 4V、4V、6.2V）。C740 相关电路如图 8-5 所示。

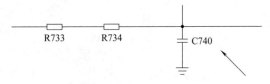

图 8-5　C740 相关电路图

6.故障现象： 无字符

（1）**故障维修**：此类故障属 V729 短路，更换后即可排除故障。

（2）**图文解说**：检修时重点检测 V729。V729 相关电路如图

8-6 所示。

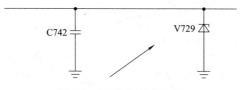

图 8-6　V729 相关电路图

7.故障现象：跑台

（1）**故障维修**：此类故障属 C175 漏电，更换后即可排除故障。

（2）**图文解说**：检修时重点检测 C175。C175 相关电路如图 8-7所示。

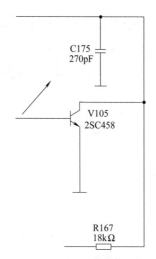

图 8-7　C175 相关电路图

8.故障现象：回扫线隐约可见

（1）**故障维修**：此类故障属 C727 漏电，更换后即可排除故障。

（2）**图文解说**：检修时重点检测 TA7698 第㉓脚电压（正常为

6.5V）。C727 相关电路如图 8-8 所示。

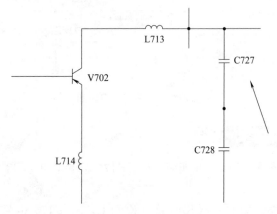

图 8-8　C727 相关电路图

9.故障现象：强信号接收不到，有时接收到了又会突然消失

（1）故障维修：此类故障属 C214 开路，更换后即可排除故障。

（2）图文解说：检修时重点检测 C214。C214 相关电路如图
8-9所示。

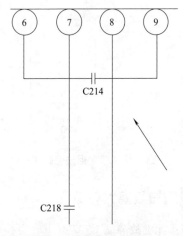

图 8-9　C214 相关电路图

10.故障现象：开机保护

（1）**故障维修**：此类故障属 C906 开路，更换后即可排除故障。

（2）**图文解说**：检修时重点检测 C906。C906 相关电路如图8-10所示。

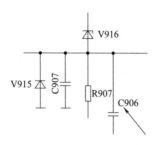

图 8-10　C906 相关电路图

第二节　福日 HFC-25P70 型彩电

1.故障现象：开机无光栅、无伴音、无图像

（1）**故障维修**：此类故障属 R969 开路，更换后即可排除故障。

（2）**图文解说**：检修时重点检测 R969。R969 相关电路如图8-11所示。当 C956 不良时也会出现此类故障。

2.故障现象：行、场幅度无规律性伸缩，有时呈闪动性伸缩，其他正常

（1）**故障维修**：此类故障属 Q951 不良，更换后即可排除故障。

（2）**图文解说**：检修时重点检测 Q951 的 C 极电压（正常为64V）。Q951 相关电路如图 8-12 所示。

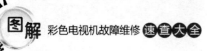

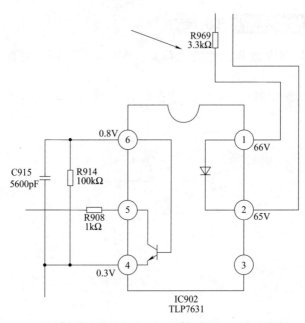

图 8-11 R969 相关电路图

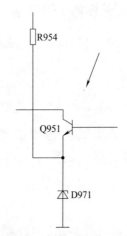

图 8-12 Q951 相关电路图

3.故障现象：自动关机

（1）**故障维修**：此类故障属 R632 不良，更换后即可排除故障。

（2）**图文解说**：检修时重点检测 R632。R632 相关电路如图 8-13所示。

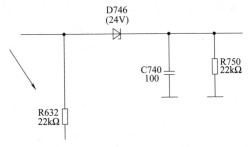

图 8-13　R632 相关电路图

4.故障现象：光栅不满幅，垂直与水平幅度均同时缩小，光栅内有彩色，图像和伴音正常

（1）**故障维修**：此类故障属 T702 不良，更换后即可排除故障。

（2）**图文解说**：检修时重点检测 T702。T702 相关电路如图 8-14所示。

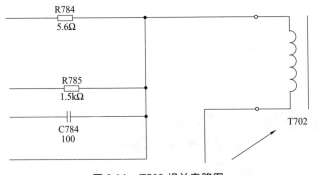

图 8-14　T702 相关电路图

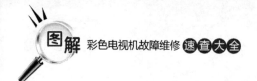

第三节　福日彩电其他机型

1.故障现象： HFC2581 型彩电开机后面板待机指示灯能正常点亮，但按动遥控器开/待机键整机无反应

（1）**故障维修：** 此类故障属 V947A、V947B 不良，更换后即可排除故障。

（2）**图文解说：** 检修时重点检测 V947A、V947B。V947A、V947B 相关电路如图 8-15 所示。

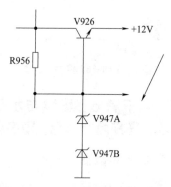

图 8-15　V947A、V947B 相关电路图

2.故障现象： HFC-2981 型彩电有时不能开机，预热后才能开机

（1）**故障维修：** 此类故障属 C740 不良，更换后即可排除故障。

（2）**图文解说：** 检修时重点检测 C740。C740 相关电路如图 8-16所示。

3.故障现象： HFC-2981 型彩电有时能开机，有时自动关机，有时不能开机

（1）**故障维修：** 此类故障属 ZD703 不良，更换后即可排除

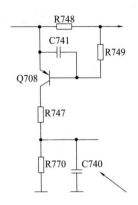

图 8-16　C740 相关电路图

故障。

（2）图文解说：检修时重点检测 ZD703。ZD703 相关电路如图
8-17 所示。

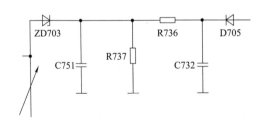

图 8-17　ZD703 相关电路图

4.故障现象： HFC-29P88 型彩电雷击后指示灯不亮

（1）故障维修：此类故障属 IC902 不良，更换后即可排除
故障。

（2）图文解说：检修时重点检测 IC902。IC902 相关电路如图
8-18 所示。

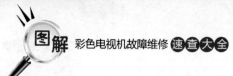

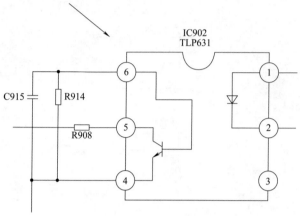

图 8-18　IC902 相关电路图

第 **九** 章

松下彩电

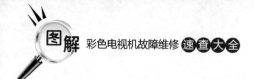

第一节　松下 29FJ20G 型彩电

1.故障现象：图像重影

（1）**故障维修**：此类故障属 C120 不良，更换后即可排除故障。

（2）**图文解说**：检修时重点检测 C120。C120 相关电路如图 9-1所示。

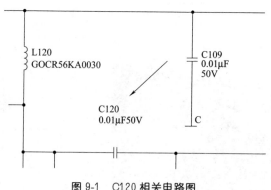

图 9-1　C120 相关电路图

2.故障现象：图像偏上

（1）**故障维修**：此类故障属 R404 不良，更换后即可排除故障。

（2）**图文解说**：检修时重点检测 R404 的阻值（正常为 680Ω）。R404 相关电路如图 9-2 所示。

3.故障现象：彩电有时场幅变小、有时图像正常、无伴音

（1）**故障维修**：此类故障属 X2130 不良，更换后即可排除故障。

（2）**图文解说**：检修时重点检测 X2130。X2130 相关电路如图

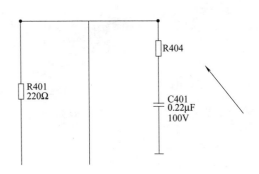

图 9-2 R404 相关电路图

9-3 所示。

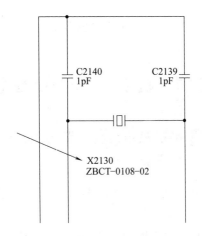

图 9-3 X2130 相关电路图

4.故障现象：彩电图像上部有很细的水平回扫线

（1）**故障维修**：此类故障属 C406 不良，更换后即可排除故障。

（2）**图文解说**：检修时重点检测 IC451 的第⑥脚电压（正常为12.9V）。C406 相关电路如图 9-4 所示。

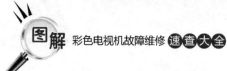

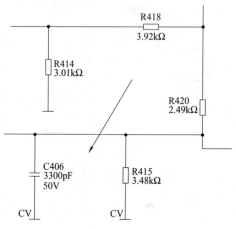

图 9-4　C406 相关电路图

第二节　松下 29GF12G 型彩电

1.故障现象： 待机指示灯亮，无光栅，无伴音，机内有"嗞嗞"声

（1）**故障维修：** 此类故障属 D820 短路，更换后即可排除故障。

（2）**图文解说：** 检修时重点检测 D820。D820 相关电路如图 9-5所示。

2.故障现象： 无光栅、无伴音、无图像

（1）**故障维修：** 此类故障属 D814 漏电，更换后即可排除故障。

（2）**图文解说：** 检修时重点检测 D814。D814 相关电路如图 9-6所示。当 C855 不良时也会出现类似故障。

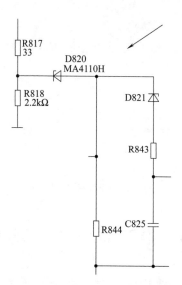

图 9-5　D820 相关电路图

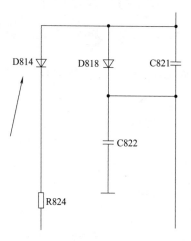

图 9-6　D814 相关电路图

∷∷ 3.故障现象： 冷机开机后有图像有伴音，几分钟后自动关机

（1）**故障维修：** 此类故障属 R571、D557 不良，更换后即可排

除故障。

（2）**图文解说**：检修时重点检测 R571、D557。R571 相关电路如图 9-7 所示。

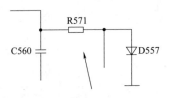

图 9-7　R571 相关电路图

第三节　松下 TC-29GF10R 型彩电

1.故障现象：开机无光栅、无伴音、无图像，待机指示灯红、绿色发光管亮

（1）**故障维修**：此类故障属 C504 漏电，更换后即可排除故障。

（2）**图文解说**：检修时重点检测 C504。C504 相关电路如图9-8所示。

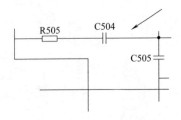

图 9-8　C504 相关电路图

2.故障现象：无图像无光且面板上指示灯均不发光

（1）**故障维修**：此类故障属 Q855 损坏，更换后即可排除故障。

（2）**图文解说**：检修时重点检测 Q855。Q855 相关电路如图 9-9 所示。

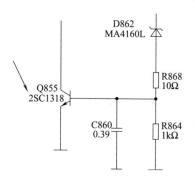

图 9-9　Q855 相关电路图

3.故障现象：行幅不足、枕形校正失真

（1）**故障维修**：此类故障属 C707 漏电，更换后即可排除故障。

（2）**图文解说**：检修时重点检测 IC701 第②脚电压（正常为 0.6V 左右）。C707 相关电路如图 9-10 所示。

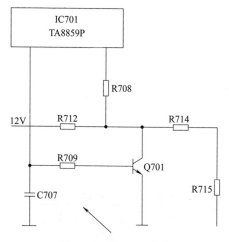

图 9-10　C707 相关电路图

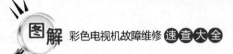

4.故障现象：开机屏幕上无字符显示

（1）**故障维修：**此类故障属 D1209 漏电，更换后即可排除故障。

（2）**图文解说：**检修时重点检测 D1209。D1209 相关电路如图
9-11 所示。

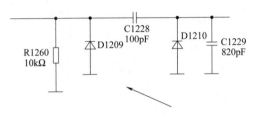

图 9-11　D1209 相关电路图

第四节　松下彩电其他机型

1.故障现象：51P950D 型彩电图像白屏

（1）**故障维修：**此类故障属 C4060 不良，更换后即可排除故障。

（2）**图文解说：**检修时重点检测 C4060。C4060 相关电路如图
9-12 所示。

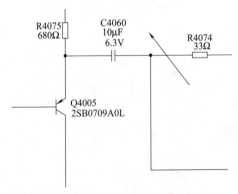

图 9-12　C4060 相关电路图

2.故障现象：T42PA60C 型彩电不能开机、灯闪六下

（1）**故障维修：** 此类故障属 R6582、R6583 不良，更换后即可排除故障。

（2）**图文解说：** 检修时重点检测 IC6581 的第⑥脚电压（正常为 7.3V）。R6582、R6583 相关电路如图 9-13 所示。

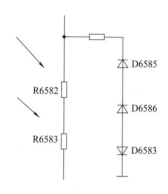

图 9-13　R6582、R6583 相关电路图

3.故障现象：TC-29P48G 型彩电开机后图像偏色

（1）**故障维修：** 此类故障属 IC1503 不良，更换后即可排除故障。

（2）**图文解说：** 检修时重点检测 IC1503。IC1503 相关电路如图 9-14 所示。

4.故障现象：T42PA60C 型彩电不能开机

（1）**故障维修：** 此类故障属 R6837 不良，更换后即可排除故障。

（2）**图文解说：** 检修时重点检测 R6837。R6837 相关电路如图 9-15 所示。

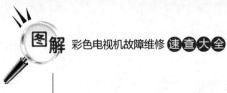

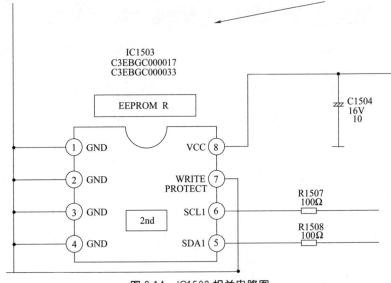

图 9-14　IC1503 相关电路图

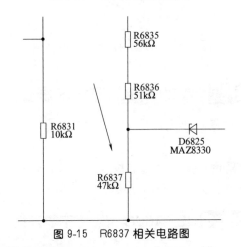

图 9-15　R6837 相关电路图

5.故障现象：TC-34P860D 型彩电无图像，蓝屏滚动

（1）**故障维修：**此类故障属 IC1407 不良，更换后即可排除故障。

（2）**图文解说：**检修时重点检测 IC1407 第②脚电压（正常为

356

1.9V)。IC1407 相关电路如图 9-16 所示。

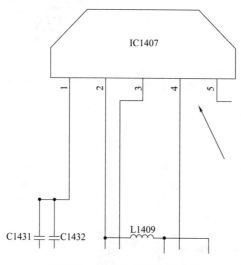

图 9-16　IC1407 相关电路图

6.故障现象：TH-42PH11CK 型彩电无光栅、无伴音、无图像

（1）**故障维修**：此类故障属 IC409 不良，更换后即可排除故障。

（2）**图文解说**：检修时重点检测 IC409。IC409 相关电路如图 9-17 所示。

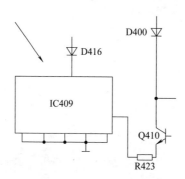

图 9-17　IC409 相关电路图

附 录

1. KA5Q1256

脚号	引脚符号	引脚功能	电压/V	备　注
1	DRAIN	漏极	335.4	该集成电路为电源厚膜块,应用在
2	GND	地	1.4	海尔、长虹、创维等电视上,应用电路
3	VCC	电源	23.46	如图附-1 所示〔以应用在创维
4	FB	反馈	1.26	34T88HM(6D79 机芯)彩电上为例〕
5	SYNC	同步	5.06	

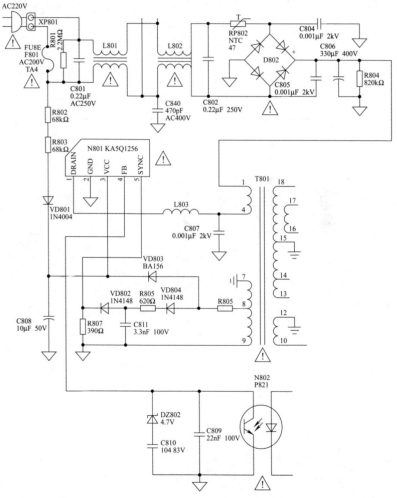

图附-1　KA5Q1256 应用电路图

2. KA7631

脚号	引脚符号	引脚功能	电压/V	备　　注
1	VIN1	输入电压 1	13.02	
2	VIN2	输入电压 2	13.02	该集成电路为电源稳压控制
3	DEL CAP	外接退耦电容	2.92	块,采用 10-SIPH/S 封装,最大
4	DISABLE	控制信号输入	4.20	功率为 1.5W,工作温度范围为
5	GND	地	0	0～+125℃
6	RESET	复位电压输出	5.06	此数据在创维 6D72 机芯彩电
7	CONTROL	输出 3 控制	0.49	上测得,仅供参考
8	OUT2	输出 2	9.02	应用电路如图附-2 所示
9	OUT1	输出 1	5.07	
10	OUT3	输出 3(空脚)	—	

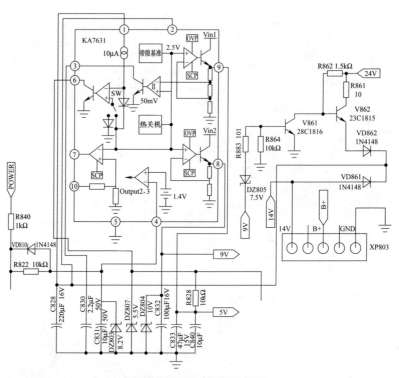

图附-2　KA7631 应用电路图

3. LA76818

脚号	引脚代码	引脚功能	参数/V	备注
1	AUDIO OUT	音频输出	2.19	
2	FM OUT	调频信号输出	2.30	
3	PIF AGC	中放 AGC 信号滤波	2.50	
4	RF AGC	高放 AGC 电压输出	1.75	
5	PIF IN	图像中频输入	2.85	
6	PIF IN	图像中频输入	2.85	
7	GND	地(中频接地)	0	
8	VCC	中频电路电源引脚电压输入	4.95	
9	FM FILTER	调频解调信号滤波	2.38	
10	AFT OUT	自动频率调整电压输出	2.50	
11	SDA	I²C 总线数据端子	4.58	
12	SCL	I²C 总线时钟输入	4.58	
13	ABL	自动亮度控制	4.33	
14	R OSD IN	红基色字符输入	0.79	
15	G OSD IN	绿基色字符输入	0.79	
16	B OSD IN	蓝基色字符输入	0.79	1. 该集成电路为
17	BLANK IN	字符消隐输入	0	双列 54 脚封装
18	VCC	RGB 电路电源引脚输入	7.90	2. 电源引脚:8、
19	R OUT	红基色输出	1.90	31、43 脚为 +5V,
20	G OUT	绿基色输出	1.90	18,25 脚为 +9V
21	B OUT	蓝基色输出	1.90	3. 振荡/时钟:
22	SYNC SEL UP	同步信号脉冲输出	0.15	30,38 脚
23	VER OUT	场扫描激励锯齿波输出	2.35	4. 主要用途:I²C
24	VRAMP ACL	场锯齿波自动电平调整	2.71	总线多制式色解码
25	VCC	行振荡、总线电源引脚	5.00	电路
26	HAFC FILTER	行同步 AFC 环路低信号滤波	2.49	5. 此数据在海尔
27	HOR OUT	行激励脉冲输出	0.66	25F8D-S 彩电上
28	FBP IN	行逆程脉冲输入	1.10	测得
29	VCO IREF	行频参考电压	1.48	6. 应用电路如图
30	CLOCK OUT	时钟信号输出(4MHz)	0.90	附-3 所示(以应用在
31	VCC	色度-行延迟线电压	4.49	海尔 D29FV6H-A8H
32	CCD FIL TER	行延迟信号滤波	8.30	彩电上为例)
33	GND	(地)延迟地	0	
34	SECAM	SECAM 解调色差信号输入	1.80	
35	SECAM	SECAM 解调色差信号输入	1.80	
36	APC2 FIL TER	色度 APC2 信号滤波器	3.71	
37	SECAM INTERFACE	副载波/SECAM 接口	2.30	
38	XTAL	外接 4.43MHz 晶体振荡器	2.80	
39	APC1 FIL TER	色副载波恢复 APC1 环路信号滤波器端	2.90	
40	SEL VIDEO OUT	内外视频选择输出	2.19	
41	GND	地(视频色度偏转接地)	0	
42	EXT V. IN	外视频信号输入	2.50	
43	VCC	视频色度偏转电源引脚	5.00	
44	INT V. IN	内视频输入	2.71	
45	BLACK FIL TER	黑电平延伸信号滤波	1.80	
46	VIDEO OUT	视频检波输出	2.10	
47	PLL	锁相环信号滤波	0.80	
48	VCO COIL	中频 VCO 振荡线圈	4.20	
49	VCO COIL	中频 VCO 振荡线圈	4.20	
50	VCO	压控振荡器信号滤波	2.38	
51	EXT V. IN	外部视频输入	1.75	
52	SIF OUT	伴音中频输出	1.90	
53	SIF APC	伴音鉴频 APC	2.10	
54	SIF IN	伴音中频输入	3.10	

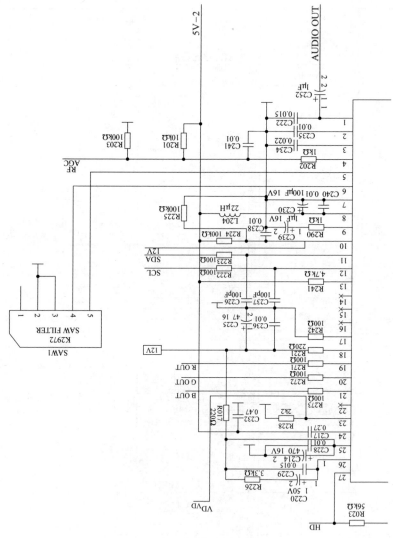

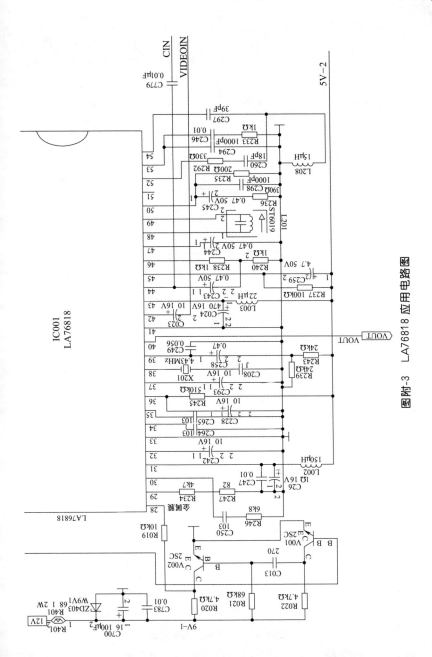

图附-3 LA76818 应用电路图

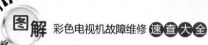

4. LA7846

脚号	引脚代码	引 脚 功 能	参数/(R+/R−)	备　注
1	NC	未用	∞/∞	1. 该集成电路为单列10脚封装
2	VCC	电源引脚	4.20/80.00	2. 电源引脚:2脚为−15.00V,7脚为+15.00V
3	VOUT	场扫描输出	0/0	
4	V$_P$	泵电源提升	∞/7.50	
5	V+	功率放大器同相位输入	1.52/1.52	3. 主要用途:场偏转功率输出电路
6	V−	功率放大器反相位输入	1.52/1.52	
7	VCC	电源引脚	40.04/5.00	4. 应用电路如图附-4所示(以应用在创维34T88HM、6D79机芯彩电为例)
8	FBPOUT	场逆程脉冲输出	26.02/40.04	
9	NC	未用	∞/∞	
10	NC	未用	∞/∞	

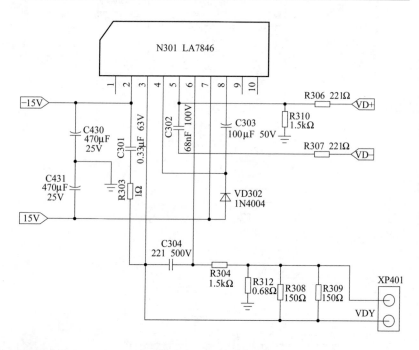

图附-4　LA7846 应用电路图

5. LV1117

脚号	引脚符号	引脚功能	电压/V	备　　注
1	GND	地	−3.04	
2	RCH-A	右通道输入 A	3.57	
3	RCH-B	右通道输入 B	32mV	
4	RCH-C	右通道输入 C	0.3	
5	RCH-D	右通道输入 D	0.41	
6	RLINEOUT	右声道线路输出	3.56	
7	R-DC	右声道直流滤波	4.01	
8	ST-1	立体声滤波	4.44	
9	LPFC	低通滤波外接电容	4.47	
10	R-TC1	右声道环绕声滤波	4.41	
11	R-BC1	右声道外接滤波电容	4.41	
12	R-BC2	右声道外接滤波电容	4.38	
13	ROUT	右声道输出	4.39	
14	R-VRIN	右声道电平输入	4.43	
15	R-VROUT	右声道电平输出	4.43	
16	L+ROUT	左右声道输出	未用	
17	VREF	基准电压	4.44	
18	VCC	电源	8.95	该集成电路为伴音
19	VDD	电源	3.04	处理芯片;此数据是
20	OUT2	输出端	1.25mV	用数字表在创维
21	OUT3	输出端	1.28mV	6D72 机芯上测得。
22	OUT3	输出端	1.31mV	应用电路如图附-5 所
23	OUT2	输出端	1.36mV	示(以应用在创维
24	SDA	串行数据	4.59	6D72 机芯上为例)
25	SCL	串行时钟	4.59	
26	VSS	地	0	
27	L+RLPF	左右声道低通滤波	4.43	
28	L-VROUT	左声道电平输出	4.43	
29	L-VRIN	左声道电平输入	4.43	
30	LOUT	左声道输出	4.39	
31	L-BC2	左声道滤波	4.37	
32	L-BC1	左声道滤波	4.4	
33	L-TC1	左声道环绕声滤波	4.4	
34	HPFC	高频滤波	5.12	
35	ST-2	立体声滤波	4.43	
36	L-DC	左声道直流滤波	4.1	
37	LLINEOUT	左声道线路输出	3.75	
38	LCH-1	左声道 1	0.32mV	
39	LCH-C	C 路左声道	0.32	
40	LCH-B	B 路左声道	160mV	
41	LCH-A	A 路左声道	3.76	
42	AGND	模拟地	4.45	

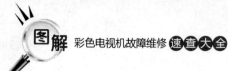
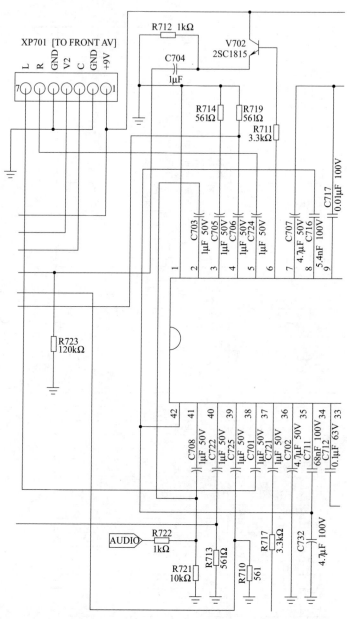

图附-5 LV1117

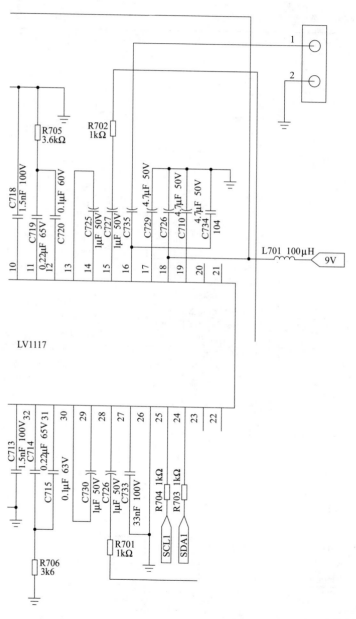

应用电路图

6. M37274

脚号	引脚代码	引脚功能	参数:U/V	备　注
1	HSYNC	行同步信号输入	4.78	
2	VSYNC	场同步信号输入	5.01	
3	P40/AD4	输入端口/模拟输入(本机用作按键输入)	3.38	
4	P41/INT2	输入端口/外部中断输入(本机未用)	—	
5	P42/TIM2	输入端口/外部时钟输入(本机用作VGA行同步)	0	
6	P43/TIM3	输入端口/外部时钟输入(本机用作VGA场同步)	0	1. 封装:采用双列密直插52脚封装
7	P24/AD3	输入与输出端口/模拟输入(本机用作DAF开关)	0	2. 用途:微处理器,内含程序存储器、临时存储器和OSD存储器,具有I²C总线控制功能,4路模数转换,行、场频控制功能
8	P25/AD2	输入与输出端口/模拟输入(本机接地)	0	
9	P26/AD1	输入与输出端口/模拟输入(本机用作保护信号输入)	5.04	
10	P27/AD5	输入与输出端口/模拟输入(本机用作电源指示灯)	0.82	
11	P00/PWM4	输入与输出端口/8位PWM输出(本机用作待机开关)	4.03	3. 引脚功能中"()"里应用在背投彩电上,此数据也是在应用在背投彩电上测得的,仅供参考
12	P01/PWM5	输入与输出端口/8位PWM输出(本机未用)	—	
13	P02/PWM6	输入与输出端口/8位PWM输出(本机未用)	—	
14	P17/SIN	输入与输出端口(本机用作VGA开关)	0	
15	P44/INT1	输入端口/外部中断输入(本机用作遥控接收输入)	3.42	4. 应用电路如图附-6所示[以应用在创维34T88HM(6D79机芯)彩电上为例]
16	P45/SOUT	输入端口/串行数据输出(本机未用)	—	
17	P46/SCLK	输入端口/串行同步时钟输入与输出(本机未用)	—	
18	AVCC	空脚	—	
19	HLF/AD6	模拟输入(本机未用)	—	
20	P72/RVCO	输入端口(本机未用)	—	
21	P71/VHOLD	输入端口(本机未用)	—	
22	P70/CVIN	输入端口(本机未用)	—	
23	CNV$_{SS}$	地	—	
24	XIN	晶振输入	2.03	

续表

脚号	引脚代码	引脚功能	参数：U/V	备　注
25	XOUT	晶振输入	2.03	
26	VSS	地	0	
27	VCC	电源	5.02	
28	P63/OSC1/XCIN	字符振荡输入	5.02	
29	P64/OSC2/XCOUT	字符振荡输出	5.02	
30	$\overline{\text{RESET}}$	复位	5.01	
31	P31	输入与输出端口(本机未用)	—	1. 封装：采用双列密直插52脚封装
32	P30	输入与输出端口(本机用作静音)	0	
33	P03/DA	输入与输出端口(本机未用)	—	2. 用途：微处理器，内含程序存储器、临时存储器和OSD存储器，具有 I^2C 总线控制功能，4路模数转换，行、场频控制功能
34	P16/INT3	输入与输出端口(本机未用)	—	
35	P15	输入与输出端口(本机未用)	—	
36	P14/SDA2	数据线2	5.01	
37	P13/SDA1	数据线1	5.01	
38	P12/SCL2	时钟线2	5.01	
39	P11/SCL1	时钟线1	5.01	
40	P10/OUT2	输入与输出端口(本机未用)	—	3. 引脚功能中"( )"里应用在背投彩电上，此数据也是在应用在背投彩电上测得的，仅供参考
41	P23	输入与输出端口(本机未用)	—	
42	P22	输入与输出端口(本机未用)	—	
43	P21	输入与输出端口(本机未用)	—	
44	P20	输入与输出端口(本机用作3D复位)	0	
45	P07/PWM3	输入与输出端口/8位PWM输出(本机未用)	—	4. 应用电路如图附-6所示[以应用在创维34T88HM(6D79机芯)彩电上为例]
46	P06/PWM2	输入与输出端口/8位PWM输出(本机未用)	—	
47	P05/PWM1	输入与输出端口/8位PWM输出(本机未用)	—	
48	P04/PWM0	输入与输出端口/8位PWM输出(本机未用)	—	
49	P55/OUT1	字符消隐	0	
50	P54/B	蓝字符	0	
51	P53/G	绿字符	0	
52	P52/R	红字符	0	

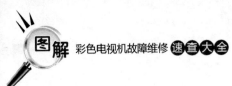

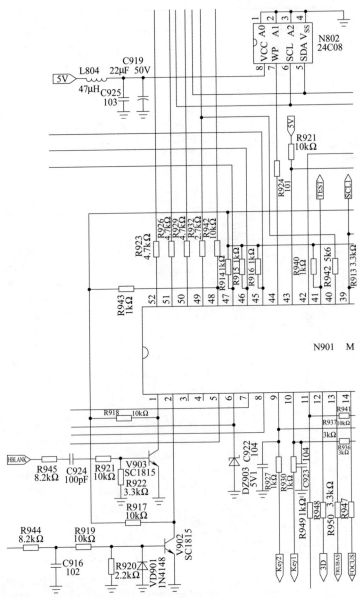

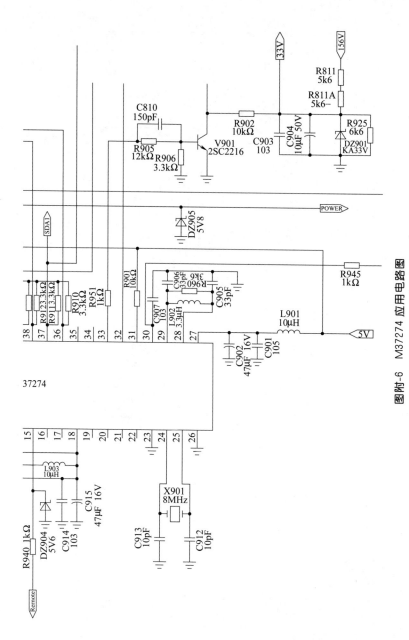

图附-6 M37274 应用电路图

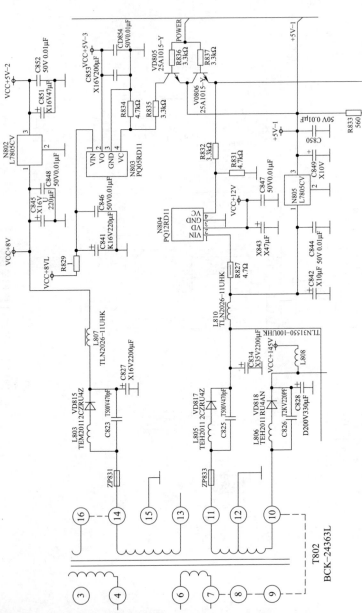

图附-7 PQ12RD11、PQ05RD11 应用电路图

7. PQ12RD11、PQ05RD11

脚号	引脚符号	引脚功能	备　注
1	VIN	DC 输入	该集成电路为低功率损耗电压调节器,应
2	VO	DC 输出	用电路如图附-7 所示(以应用在长虹
3	GND	地	CHD34155 彩电上为例)
4	VC	ON/OFF 控制	

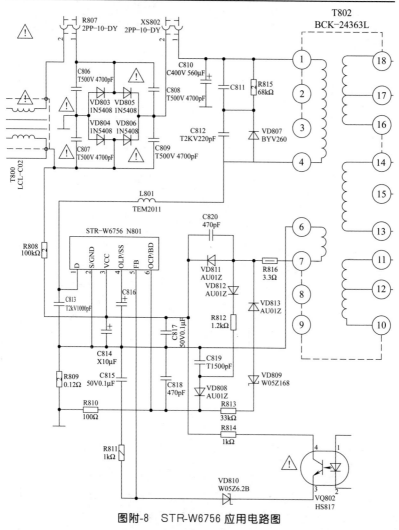

图附-8　STR-W6756 应用电路图

8. STR-W6756

脚号	引脚符号	引脚功能	电压/V	备　注
1	D	场效应管漏极	270	该集成电路为开关电源厚膜块，采用 7 脚 TO-220 封装，启动电压为 16.3～19.9V，工作温度范围为 −20～+115℃，储存温度范围为 −40～+125℃
2	S/GND	场效应管源极	0	
3	VCC	启动电源	18.00	
4	OLP/SS	过负载端子	0.23	
5	FB	反馈	1.18	此数据在创维 6P18 机芯彩电上测得，仅供参考
6	OCP/BD	过流端子	0.82	应用电路如图附-8 所示（以应用在长虹 CHD34155 彩电上为例）

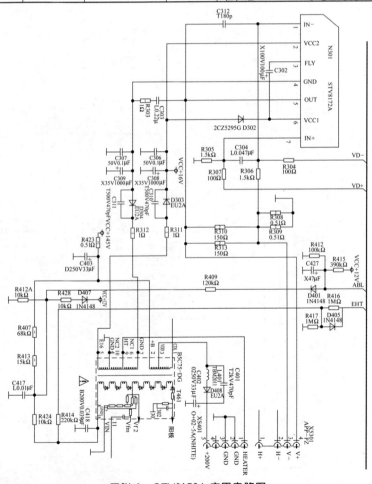

图附-9　STV8172A 应用电路图

9. STV8172A

脚号	引脚符号	引脚功能	备　　注
1	IN−	反向输入	该集成电路为场输出功率放大电路,采用 TO-220-7P 单列双排 7 脚封装;内置有垂直回扫开关、泵电源电路、温度过热保护电路;互换或兼容的型号有 TDA8177、TDA8172、STV9302、LA78041;应用电路如图附-9 所示(以应用在长虹 CHD34155 彩电上为例)
2	VCC2	电源	
3	FLY	场脉冲输出	
4	GND	地	
5	OUT	场输出端	
6	VCC1	电源	
7	IN+	正向输入	

10. TC4052BP

脚号	引脚符号	引脚功能	电压/V	电阻($R-$/$R+$)/kΩ	备　　注
1	0Y	0Y 输入	9.02	0.82/0.82	
2	2Y	2Y 输入	0	31.43/12.62	
3	Y-COM	Y 公共输出	9.01	18.50/11.68	
4	3Y	3Y 输入	0	18.48/11.73	该集成电路为双 4 选 1 模拟开关,采用 16 脚 TSOP 封装　此数据在 TCL-AT34266Y 彩电上测得,仅供参考　应用电路如图附-10 所示(以应用在长虹 CHD34155 彩电上为例)
5	1Y	1Y 输入	0	18.48/11.73	
6	INH	禁止端,高电平关断	0	0/0	
7	VEE	地	0	0/0	
8	VSS	控制脚接地	0	0/0	
9	B	控制脚	0	6.72/9.63	
10	A	控制脚	0	6.72/9.62	
11	3X	3X 输入	9.01	0.82/0.82	
12	0X	0X 输入	8.38	2.44/2.44	
13	X-COM	X 公共输出	8.39	2.13/2.13	
14	1X	1X 输入	9.02	0.82/0.82	
15	2X	2X 输入	9.01	0.81/0.81	
16	VDD	电源	9.01	0.81/0.81	

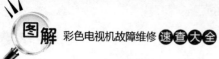
彩色电视机故障维修 速查大全

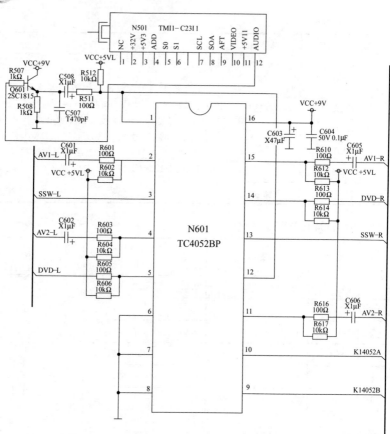

图附-10　TC4052BP 应用电路图

11. TDA7439

脚号	引脚符号	引脚功能	电压/V	备　注
1	SDA	数据线	4.03	该集成电路为数字控制音频处理器,采用 SDIP30 封装,工作电源电压为 6～10.2V,工作温度范围为 0～70℃,储存温度范围为 −55～+150℃ 此数据在海信高清彩电上测得,仅供参考 应用电路如图附-11 所示(以应用在海尔 D29FV6H-A8H 彩电上为例)
2	CREF	参考端	4.06	
3	VS	电源端子	8.00	
4	AGND	模拟接地	0	
5	ROUT	立体声输出	3.54	

376

续表

脚号	引脚符号	引脚功能	电压/V	备　　注
6	LOUT	立体声输出	3.54	
7	R-IN4	TV 立体声输入	4.04	
8	R-IN3	YUV 立体声输入	4.04	
9	R-IN2	AV2 立体声输入	4.04	
10	R-IN1	AV1 立体声输入	4.04	
11	L-IN1	AV1 立体声输入	4.04	
12	L-IN2	AV2 立体声输入	4.04	
13	L-IN3	YUV 立体声输入	4.04	
14	L-IN4	TV 立体声输入	4.07	
15	MUXOUTL	AV 立体声输出	4.13	该集成电路为数字控制音频处理器,采用 SDIP30 封装,工作电源电压为 6～10.2V,工作温度范围为 0～70℃,储存温度范围为 −55～+150℃
16	INL	立体声音量控制	4.05	
17	MUXOUTR	AV 立体声输出	4.12	
18	INR	立体声音量控制	4.06	
19	MIN(R)	音效处理	4.13	此数据在海信高清彩电上测得,仅供参考
20	MOUT(R)	音效处理	4.12	应用电路如图附-11 所示(以应用在海尔 D29FV6H-A8H 彩电上为例)
21	BIN(R)	音效处理	4.11	
22	BOUT(R)	音效处理	4.11	
23	BIN(L)	音效处理	4.11	
24	BOUT(L)	音效处理	4.11	
25	MOUT(L)	音效处理	4.11	
26	MIN(L)	音效处理	4.11	
27	TREBLE(L)	音效处理	4.11	
28	TREBLE(R)	音效处理	4.11	
29	DIG-GND	数字接地	0	
30	SCL	时钟线	3.80	

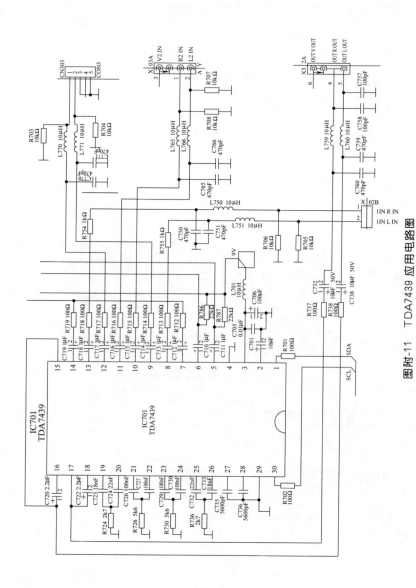

图附-11 TDA7439 应用电路图

12. TDA9116

脚号	引脚符号	引脚功能	电压/V	备　　注
1	H-SYNC	行同步脉冲输入	0.35	
2	V-SYNC	场同步脉冲输入	0.02	
3	HLCKVBK	空脚	0.14	
4	FC1	行滤波	6.28	
5	PLL2	行锁相环滤波2	2.68	
6	CO	行振荡外接电容	0.07	
7	HGND	行接地	0	
8	RO	行振荡外接电阻	1.42	
9	PLLIF	行锁相环1	1.43	
10	HPOS	行相位滤波	3.81	1. 封装:采用SDIP32
11	HVFOCUS	行场动态聚焦	0.08	脚封装
12	HFLY	行反馈	−0.01	2. 用途:该集成电
13	HREF	参考电压输出	7.87	路为行场扫描处理电
14	COHP	接地	0	路,主要用于多频彩电
15	REG-IN	B+控制环路调整入	3.68	的水平、垂直扫描电路
16	SENCS	B+开关电路检测	1.03	控制
17	HEHT	高压检测自动行幅补偿	5.12	3. 关键参数:工作
18	VEHT	高压检测自动场幅补偿	3.23	电源电压为10.8～
19	VRB	场滤波	1.87	13.2V,工作温度范围
20	AGCCAP	场锯齿波发生器AGC滤波	5.24	为0～70℃
21	VGND	场接地	0	4. 此数据在TCLHiD
22	VCAP	场锯齿波发生电容	3.40	机型上测得,仅供参考
23	VOUT	场输出	3.45	5. 应用电路如图附-
24	EWOUT	EW抛物波输出	3.86	12所示(以应用在海
25	XRY	X射线保护	0.02	尔D29FV6H-A8H彩
26	HOUT	行输出	3.42	电上为例)
27	GND	地	0	
28	BOUT	空脚	11.27	
29	VCC	电源12V	11.49	
30	SCL	I^2C总线时钟线输入	5.02	
31	SDA	I^2C总线数据线输入	4.83	
32	VDYCOR	空脚	4.82	

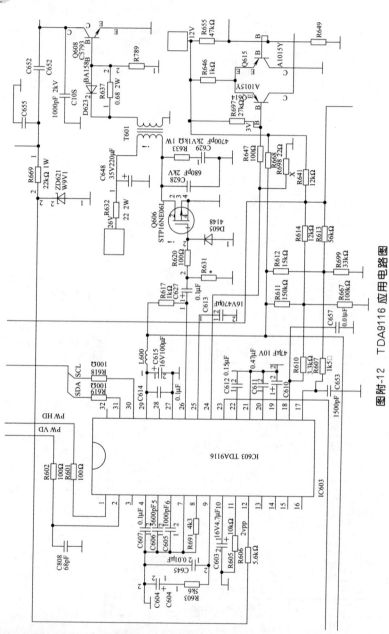

图附-12 TDA9116 应用电路图

380

13. TFA9842J

脚号	引脚符号	引脚功能	备　注
1	IN2+	2 通道输入	
2	OUT2-	2 通道输出	
3	CIV	共模输入	该集成电路为音频放大电路,采用单列
4	IN1+	1 通道输入	9 脚封装,工作电压为 9～26V,典型 17V;
5	GND	接地	7 脚具有音量控制功能,7 脚音量控制范
6	SVR	半电压输入	围在 1.32～4.9V 变化;应用电路如图附-
7	MODE	静音控制模式	13 所示(以应用在长虹 CHD34155 彩电上
8	OUT1+	1 通道输出	为例)
9	VCC	电源	

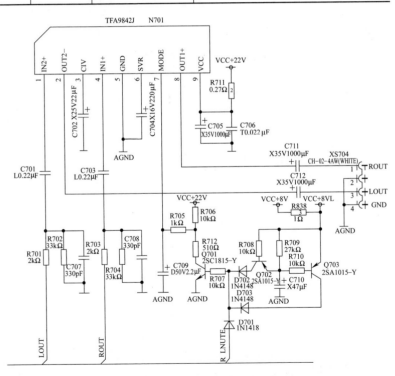

图附-13　TFA9842J 应用电路图